MENGGU GAOYUAN YANSHENG ZHIWU
GENJI TURANG WEISHENGWU DUOYANGXING YANJIU

蒙古高原盐生植物
根际土壤微生物多样性研究

韩文军　等　著

中国农业科学技术出版社

图书在版编目（CIP）数据

蒙古高原盐生植物根际土壤微生物多样性研究 / 韩文军等著. -- 北京：中国农业科学技术出版社，2025.8. -- ISBN 978-7-5116-7481-4

Ⅰ. Q949.4；S154.3

中国国家版本馆CIP数据核字第2025J7Y586号

责任编辑　李冠桥
责任校对　王　彦
责任印制　姜义伟　王思文

出 版 者	中国农业科学技术出版社
	北京市中关村南大街12号　　邮编：100081
电　　话	（010）82106632（编辑室）　（010）82106624（发行部）
	（010）82109709（读者服务部）
网　　址	https://castp.caas.cn
经 销 者	各地新华书店
印 刷 者	北京捷迅佳彩印刷有限公司
开　　本	170 mm×240 mm　1/16
印　　张	9.25
字　　数	161千字
版　　次	2025年8月第1版　2025年8月第1次印刷
定　　价	90.00元

◆版权所有·侵权必究◆

资助项目

内蒙古自治区科技计划项目（2021GG0054）

国家农业重大科技项目 (NK2022181003)

中国农业科学院草原研究所创新工程项目

内容简介

本书对人为干扰条件下蒙古高原南部盐碱湿地土壤微生物的变化，盐碱地土地利用方式改变对土壤微生物的影响，盐碱地微生物对土壤改良剂的响应，盐生植物在土壤施肥条件下的土壤微生物变化以及不同耐盐植物品种间根际微生物差异进行了阐述。本书可供从事土壤学、微生物学、生态学、环境科学和农学等领域的科技工作者、研究生和本科生等参考使用。

《蒙古高原盐生植物根际土壤微生物多样性研究》

著者名单

主 著：韩文军

参 著：纪 磊　哈斯毕力格　王 海
　　　　哈 兰　京兰苏都

第一作者简介

韩文军，男，博士，中国农业科学院草原研究所研究员。从事植物生态学与土壤生态学研究。先后主持国家重点研发计划"政府间国际科技创新合作"重点专项项目等国家及省部级项目多项，在国内外学术期刊上发表论文 50 多篇。主要著作及译著有：《气候变化与草原生态》《欧亚温带草原东缘生态样带研究》《草原科学概论》《荒漠区生态治理技术：全球气候温暖化防治对策》等。担任国际学术期刊 Research for Tropical Agriculture 和 Tropical Agriculture and Development 编委，内蒙古自治区第三次全国土壤普查技术指导专家，河套灌区土壤地力提升技术创新中心技术咨询委员会委员。

前言

蒙古高原面积约为 260 万 km², 东西跨经度约为 34.6°, 南北跨纬度约为 15.36°, 是迄今为止保存最好、面积最大、利用历史悠久的天然草原区域。蒙古高原南部的内蒙古草原原生盐碱化草地及次生盐碱地有 3.0×10^6 hm², 约占我国盐碱地总面积的 8%。蒙古高原位于内蒙古干旱半干旱区的盐碱湿地生态系统, 具有维护生物多样性、保障水资源与粮食安全、防灾减灾能力、应对气候变化等生态功能, 同时承载着游牧文化传承的社会价值, 具有极高的保护价值。泥炭沼泽湿地及盐碱湿地被视为碳汇和碳源的转换器, 对应对全球气候变化至关重要。党的十八大明确提出"把生态文明建设放在突出地位", 2021 年发布的《关于加强草原保护修复的若干意见》又提出"完善草原保护与修复制度、推进草原治理体系和治理能力现代化"的具体措施, 新时代立足人与自然和谐共生, 对我国草地生态功能的保护和修复获得前所未有的重视。近几年, 国家领导人在内蒙古调研, 对加强草地保护建设作出重要指示, 提出扎实推进山水林田湖草沙一体化保护治理, 着力培育健康稳定、功能完备的森林、草原、湿地、荒漠生态系统。在新时期, 以恢复生态系统功能为目标的草地保护与修复工作获得了前所未有的政策保障。

2022 年, 国家开始启动的第三次土壤普查中就专项开展盐碱地调查, 盐碱地开发和保护研究已被提上重要议事日程, 这些盐碱土壤和盐湖生态系统都是未来盐土农业重要的土地资源。如何科学合理地进行盐碱地生物治理和改良利用关乎 18 亿亩[①]耕地红

---

① 1 亩约为 667 m², 全书同。

线，对保障14亿人口粮食安全和农业可持续绿色发展意义重大。内蒙古干旱半干旱草原区地貌及生态类型多样，由于各地自然和社会经济条件差异及发展程度不同，各类生态系统都存在不同程度的退化，已成为发生重大生态危机的隐患，进而影响国民经济的可持续发展。在内蒙古东部，由于开展山间谷地农业，对草甸湿地地表腐殖质层破坏，导致土壤有机碳分解流失，而气候变暖又加剧富含有机碳的季节性冻萎缩，永冻土消融，严重影响湿地泥炭储量。另外，盐碱湿地属内蒙古干旱半干旱区隐域性生境，而由于干旱半干旱草原区时空多变，蒸发量远远大于降水量，极端降水事件频发，在盐碱湿地周边缓丘中下部极易形成径流，水流切割的侵蚀破坏盐碱湿地土层结构，湿地土壤腐殖质下部孕育形成泥炭层裸露分解。在半湿润的内蒙古东部，气候变暖导致那里的草甸湿地永冻土融化分解。干旱半干旱区盐碱湖周边矿产资源丰富，促使化工产业成为当地发展经济的支柱产业。然而，盐碱湖开发和全球气候变暖共同导致盐碱湿地生态系统遭受严重破坏。1987—2010年，内蒙古草原的湖泊由427个减少到282个，减少了145个，约占内蒙古总湖泊数的34%。这种隐域性盐碱湿地在内蒙古有3万多平方千米。随着内蒙古经济快速发展，资源开发力度加大，给内蒙古生态环境带来新的冲击。

蒙古高原存在多种极端的环境，极端环境微生物能适应不同苛刻条件，这些微生物不仅是自然界提供给我们的宝贵生物遗传资源库，更是环境和生物进化研究天然实验室，以及优质抗逆性生物基因挖掘与利用的天然实验室。作为生长在极端环境中的盐碱地植物类群，盐生植物在长期的适应和进化过程中，形成了独特的耐盐机制。盐生先锋植物碱蓬属（*Suaeda*）及盐角草属（*Salicornia*）植物是迄今为止全世界报道的最耐盐的高等陆生植物，其中盐角草属植物全世界有30余种，其作为重要的耐盐基因供体及研究耐盐机理的模式植物，一直被生物学家所瞩目。蒙古高原 S.europaea 属于藜科盐角草属的单属单种1年生草本植物，我国仅有1种，常见于盐湖周边潮湿盐土环境中。碱蓬在盐角草属植物群落的外围形成优势，碱蓬也是藜科植物，蒙古高原的碱蓬属植物有角果碱蓬、盘果碱蓬、灰绿碱蓬、肥叶碱蓬、辽宁碱蓬、平卧碱蓬、茄叶碱蓬、盐地碱蓬、星花碱蓬9种，其生活型分1年生草本、多年生草本、半灌木。近年来，由于碱蓬属及盐角草属自然生态环境受到人为干扰和气候变暖影响，蒙古高原内陆的碱蓬及盐角草种群斑块严重破碎化且退化，星散分布于蒙古高原盐湖周边的盐土环境中。种群规模逐年缩小，分布地域狭窄，天然更新退化，面临极高的灭绝风险。盐角草种群规模小，分布空间跨度大（在蒙古高原从北纬50°寒温带草原到北纬38°暖温带草原都有分布），濒临灭绝。由于长期受不同气候因子(日照、温度、降水量等)的影响，气候生态类型丰富多样，为蒙古高原碱蓬及盐角草种群在空间上的遗传分化提供外在环境条件。碱蓬及盐角草不仅是耐盐基因供体，同时也是研究耐盐机理的模式植物，其富集多种矿物质和优质蛋白的特性更赋予其极高的开发与利用价值。盐生植物重要物质基础土壤有机质可以影响植物生长和微生物活动，植物根系可为微生物提供底物，从而改变土壤微生物活性和群落结构，并引起土壤生物学特性的差异，进而影响土壤结构和土壤肥力。在干旱区典型高原湖泊湿地盐生植物研究也证实根际土壤微生物多样性高于非根际土壤，盐碱湿地植被类型和主要环境因子在稳定土壤微生物群落结构及生物多样性方面起到关键作用，土壤微生物群落是影响地上部植物营养、发育和抗性的关键因素之一。关于蒙古高原南部野生盐生先锋植物土壤微生物研究鲜见报道，以往相关领域的研究主要是针对极端干旱区盐湖盐角草群落土壤与盐碱裸地微生物。目前，尚未有对蒙古高原盐生先锋植物种群衰退与土壤环境中微生物群落组成与多样性的研究。开展盐生植物根际微生物多样性和群落结构研究有助于深入理解盐生植物的耐盐性及其与根际土壤微生物间的相互作用。在过去10年间，人们对非盐生植物在正常条件或盐胁迫条件下的根系微生物多样性开展了较多研究，然而，缺少对盐生植物根系土壤微生物群落组成的研究。本书以蒙古高原梭梭荒漠区、黄河沿岸砂质荒漠区以及典型草原区盐碱湿地盐生植物根际土壤微生物为对象，利用高通量测序技术对耐盐碱植物根际土壤微生物进行测序，分析盐生植物种群衰退、盐生植被人为干扰、盐碱地土壤改良以及耐盐牧草种植对土壤根际微生物的影响，探讨影响盐生植物根际土壤微生物群落结构的关键环境因子，为后续典型草原盐碱湿地保护和生态恢复工作提供理论依据和数据支撑。

著　者

2025年4月

1 盐角草种群根际土壤微生物多样性	**1**
1.1 样地概况及研究方法	1
1.2 盐生先锋植物盐角草种群个体性状分化	4
1.3 盐角草种群根际土壤细菌多样性	6
1.4 盐角草种群根际土壤真菌多样性	13
1.5 结论	19
2 主要盐生植物根际土壤微生物多样性	**21**
2.1 样地概况及研究方法	22
2.2 盐生植物根际土壤细菌多样性	22
2.3 盐生植物根际土壤真菌多样性	30
2.4 结论	44
3 盐碱湿地土壤扰动对土壤微生物多样性影响	**45**
3.1 盐碱地人为干扰对土壤微生物多样性影响	45
3.2 盐碱地土地利用方式改变对土壤微生物多样性影响	50
3.3 结论	54
4 盐碱地改良剂对土壤化学性质及微生物群落的影响	**55**
4.1 样地概况及研究方法	55
4.2 盐碱地改良剂对土壤化学性质的影响	58
4.3 盐碱地改良剂对土壤细菌群落多样性的影响	69
4.4 盐碱地改良剂对土壤真菌多样性影响	75
4.5 结论	79
5 施肥对碱蓬属植物根际土壤微生物多样性影响	**81**
5.1 样地概况与研究方法	81

  5.2 碱蓬属植物对施肥响应及其土壤理化特性影响 ………… 82
  5.3 施肥对灰绿碱蓬根际土壤细菌及真菌多样性影响 ………… 85
  5.4 施肥对盐地碱蓬根际土壤细菌及真菌多样性影响 ………… 94
  5.5 灰绿碱蓬连作及轮作对土壤微生物多样性影响 ………… 102
  5.6 结论 ………… 114
6 耐盐牧草品种间根际土壤微生物多样性 ………… **116**
  6.1 样地概况与研究方法 ………… 117
  6.2 耐盐牧草品种间根际土壤细菌多样性 ………… 119
  6.3 耐盐牧草品种间根际土壤真菌多样性 ………… 122
  6.4 结论 ………… 123

参考文献 ………… **126**

1 盐角草种群根际土壤微生物多样性

蒙古高原南部干旱半干旱区的盐碱湿地是耐牧耐刈割及生产力最稳定的生态系统，也是草原与荒漠植被形成和演替的重要发生地。其中，盐生先锋植物作为草原盐碱湿地的优势种，在维护脆弱的生态系统中具有重要的作用。开展盐碱湿地盐生先锋植物种群根际土壤真菌群落组成研究，有助于我们了解种群变化背景下真菌与环境因子关系，推动盐碱湿地脆弱生态系统保护与利用。本研究对盐角草四种不同种群密度根际土壤进行采样，基于盐角草根际土壤微生物群落测序，分析土壤细菌及真菌的群落多样性差异及其影响因素，探讨影响盐角草根际土壤微生物群落结构组成及关键环境因子，为后续典型草原湿地保护和生态恢复工作提供理论支持和数据基础。

1.1 样地概况及研究方法

（1）在内蒙古从东到西共调查10个盐角草地理隔离种群，这也是目前能够找到的分布于蒙古高原南部主要天然野生种群，分别是典型草原带的额吉淖尔盐湖盐角草种群、小额吉淖尔盐湖盐角草种群、巴彦淖尔盐湖盐角草种群，荒漠草原带的乌梁素海盐角草种群、杭锦盐化草地盐角草种群、鄂托克盐池盐角草种群，草原化荒漠带的吉兰泰盐池盐角草种群（图1.1）、和屯池盐池盐角草种群、雅布赖盐池盐角草种群、腾格里查干湖盐角草种群。蒙古高原南部区域尺度上水分和热量呈梯度变化，而蒙古高原南部盐角草地理隔离种群在各水热梯度内都有分布。本试验中选取其中7个代表性地理隔离种群作为研究对象，各样地的位置及生境特点如表1.1所示。

图 1.1　盐角草（*Salicornia europaea* L.），拍摄于内蒙古阿拉善

表 1.1　蒙古高原盐角草地理隔离种群的位置及生境条件

种群名称	位置（N，E）/°	海拔/m	土壤电导率/(ds/m)	土壤含水量/%	年均气温/℃	年降水量/mm
额吉淖尔盐湖种群	45.249 0，116.583 3	850	5.54±1.08	46.27±16.74	2.5	260.8
巴彦淖尔盐湖种群	43.921 9，115.601 7	1 032	4.75±0.46	71.16±13.12	3.5	308.1
乌梁素海种群	40.806 0，108.742 7	1 016	5.12±0.19	50.66±5.36	9.6	227.0
杭锦盐化草地种群	40.368 5，108.580 2	1 129	5.59±0.31	54.67±5.84	7.2	328.6
鄂托克盐池种群	37.730 9，107.529 4	1 105	5.54±0.58	64.36±18.98	8.7	286.0
吉兰泰盐池种群	39.790 8，105.711 8	1 010	6.06±0.82	55.43±12.87	10.0	94.3
和屯池盐池种群	39.352 9，105.018 8	980	5.16±0.70	79.42±20.79	9.3	232.4

（2）试验地位于内蒙古自治区锡林浩特市巴彦淖尔湿地，是典型草原核心区内盐湖（43.921 9°N，115.601 7°E），属于中温带半干旱大陆性气候，土壤为盐碱土；海拔 1 032 m，年均气温 –0.1℃，≥10℃年积温 1 600℃，无霜期为 100 d 左右；年平均降水量约 350 mm，多集中在 6—9 月，且雨热同期。植被类型是以盐生草本和灌木为建群种的盐化草甸，主要优势种有盐角草（*Salicornia europaea*）、盐地碱蓬（*Suaeda salsa*）、尖叶盐爪爪（*Kalidium cuspidatum*）、小果白刺（*Nitraria sibirica*）、芦苇（*Phragmites australis*）、芨芨草（*Achnatherum splendens*）等，伴生种有盐地风毛菊（*Saussurea alata*）、珍珠猪毛菜（*Salsola passerina*)、二色补血草（*Limonium bicolor*）等。2022年7月，在选取的锡林浩特巴彦淖尔盐湖天然盐角草种群内进行土壤样品采集。选取4个不同盐角草种群密度的样地（图1.2），其分别为：盐碱裸地（SEB）、低密度种群样地（SEL）、中密度种群样地（SEM）、高密度种群样地（SEH）（表1.2），在每个梯度样地内各设置5个1 m×1 m样方，每个样方内进行盐角草根际土壤采样，设立5个采样点取混合土样，每处获得5组平行样品。分别在样方4个角和中心采集0～20 cm的土层，重复取样5次，各层土样均匀混合后，一部分使用5 mL离心管放置并保存于液氮罐中，用于根际细菌及真菌群落测定；另一部分装入密封袋中带回实验室，经自然风干处理后过筛（2 mm）。一类土样保存在−20℃冰箱用于微生物测序分析（保存时间为72 h），另一类土样风干保存以用作土壤理化性质测定。土壤样品送至北京诺禾致源生物科技有限公司进行微生物群落测序。

图1.2　采样区示意图

表1.2　不同采样区盐角草种群密度　　　　　　　　　单位：株/m²

种群梯度	盐碱裸地（SEB）	低密度种群样地（SEL）	中密度种群样地（SEM）	高密度种群样地（SEH）
种群密度	0	125±84	473±375	1 743±653

1.2 盐生先锋植物盐角草种群个体性状分化

植物主要性状变化是表型进化的基本特点之一，表型可塑性对探讨植物变异和进化有重要意义，遗传分化与表型可塑性是生物适应异质性环境的重要策略。本研究对 7 个盐角草地理隔离种群的主要性状统计分析表明，吉兰泰盐池盐角草和乌梁素海盐角草株高显著高于其他 5 个地理隔离种群株高（$P < 0.05$），7 个种群株高变异系数变化幅度为 11% ~ 19%，吉兰泰盐池盐角草株高变异系数 18%，乌梁素海盐角草株高变异系数 11%（图 1.3）；巴彦淖尔盐湖盐角草分枝数显著高于其他 6 个地理隔离种群（$P < 0.05$），分枝数变异系数 50%。鄂托克盐池盐角草分枝数和其他 5 个地理隔离种群间有显著差异（$P < 0.05$），分枝数变异系数 54%，7 个地理隔离种群盐角草分枝数变异系数变化幅度为 35% ~ 100.2%（图 1.4）；巴彦淖尔盐湖盐角草植株地上生物量显著高于其他 6 个地理隔离种群地上生物量（$P < 0.05$），巴彦淖尔盐湖盐角草地上生物量变异系数 57%。7 个地理隔离种群地上生物量变异系数变化幅度为 36% ~ 86%（图 1.5）。通过计算 7 个地理隔离种群主要性状间相关分析表明，盐角草分枝数与地上生物量间高度正相关（$P < 0.01$），7 个地理隔离种群中 6 个种群都表现出高度相关性（表 1.3）。

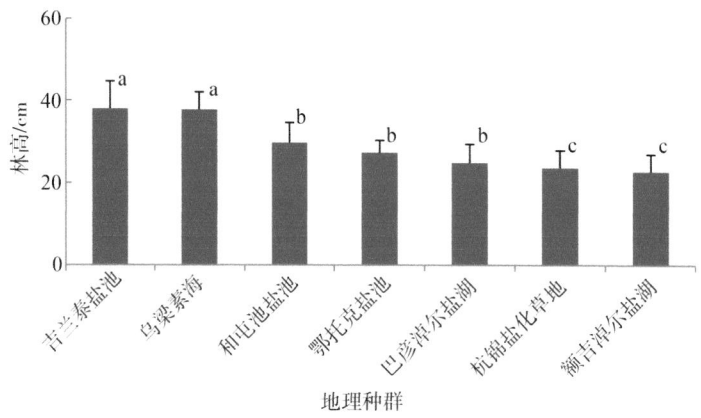

图 1.3　蒙古高原盐角草地理隔离种群的株高差异

注：不同小写字母表示差异显著。下同。

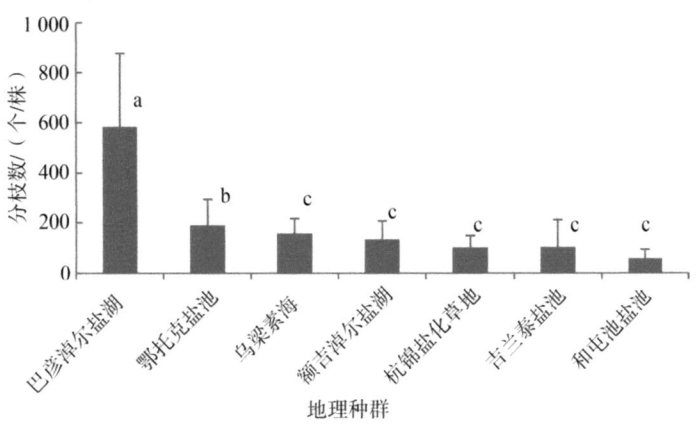

图 1.4　蒙古高原盐角草地理隔离种群的分枝差异

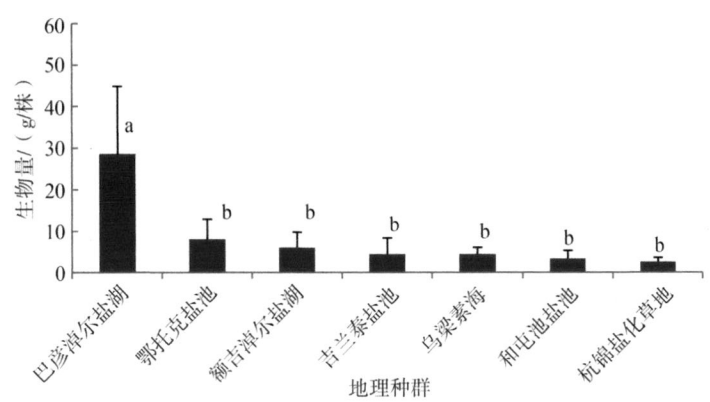

图 1.5　蒙古高原盐角草地理隔离种群的生物量差异

表 1.3　蒙古高原盐角草地理隔离种群的主要性状间相关性

主要性状		相关系数						
		额吉淖尔盐湖	巴彦淖尔盐湖	乌梁素海	杭锦盐化草地	鄂托克盐池	吉兰泰盐池	和屯池盐池
生物量	分枝数	0.760 27**	0.490 16	0.965 62**	0.823 40**	0.985 71**	0.966 92**	0.799 77**
生物量	高度	0.767 10**	−0.198 95	0.779 44**	0.450 70	0.233 23	0.113 60	0.694 64**
分枝数	高度	0.651 44**	0.304 03	0.710 63**	0.299 85	0.160 07	−0.056 33	0.540 71*

注：*、** 分别表示 5%、1% 显著性水平。

不同盐角草种群密度样地土壤理化性质如表1.4所示，盐角草种群各样地土壤pH＞8.5，并随种群密度降低呈显著升高，有效磷在高密度种群土壤中含量最高，与低密度种群土壤中有效磷有显著差异（$P<0.05$），盐碱裸地硝态氮含量显著高于SEL、SEM、SEH样地，盐碱裸地水溶性盐总量也显著高于SEL、SEM、SEH样地，土壤铵态氮含量各采样区之间无显著差异，SEL样地的有机碳显著低于其他3个样地（$P<0.05$）（表1.4）。

表1.4 样地土壤理化性质

土壤理化性质	盐碱裸地（SEB）	低密度种群（SEL）	中密度种群（SEM）	高密度种群（SEH）
pH值	9.8±0.2[c]	8.9±0.1[b]	8.8±0.2[b]	8.5±0.2[a]
水溶性盐总量/（g/kg）	31.18±4.09[b]	16.58±4.39[a]	12.62±3.00[a]	16.41±7.54[a]
有效磷/（mg/kg）	27.83±3.03[b]	7.37±6.67[a]	20.23±10.09[a]	35.10±10.73[b]
硝态氮/（mg/kg）	144.04±3.07[b]	17.38±5.12[a]	18.61±2.81[a]	17.96±7.88[a]
铵态氮/（mg/kg）	10.93±2.94[a]	12.47±6.30[a]	10.79±4.27[a]	12.45±5.71[a]
有机碳/（g/kg）	13.42±2.26[b]	7.65±1.52[a]	11.32±0.87[b]	11.38±2.41[b]

1.3 盐角草种群根际土壤细菌多样性

本测序分析中Coverage指数值均接近1，说明样品的序列基本上都已检测出，即测序结果可反映盐角草种群根际土壤微生物种类真实情况。本试验用Shannon指数和Simpson指数反映细菌群落多样性，Chao1指数反映细菌群落丰度。盐角草种群土壤细菌Chao1指数随种群密度增大呈下降趋势，说明盐角草种群密度低的土壤细菌群落丰度较高，盐碱裸地的土壤细菌群落Shannon指数较低，各采样区间根际土壤细菌群落丰度和Shannon指数无显著差异，盐碱裸地土壤细菌群落Simpson指数显著低于各盐角草种群根际土壤（$P<0.05$）（表1.5、图1.6）。

表 1.5　样品组间多样性指数

盐角草种群密度	Shannon 指数	Simpson 指数	Chao1 指数	Coverage 指数
盐碱裸地（SEB）	8.747 4±0.262 5^a	0.989 8±0.003 1^b	1 589.220 6±86.063 0^a	0.999 8±0.000 4^a
低密度种群（SEL）	9.050 0±0.080 8^a	0.994 2±0.000 8^a	1 631.113 6±80.102 4^a	1.000 0±0.000 0^a
中密度种群（SEM）	8.912 2±0.201 1^a	0.994 0±0.000 7^a	1 515.338 0±83.429 5^a	1.000 0±0.000 0^a
高密度种群（SEH）	8.893 2±0.243 1^a	0.994 2±0.001 8^a	1 488.789 6±118.076 5^a	1.000 0±0.000 0^a

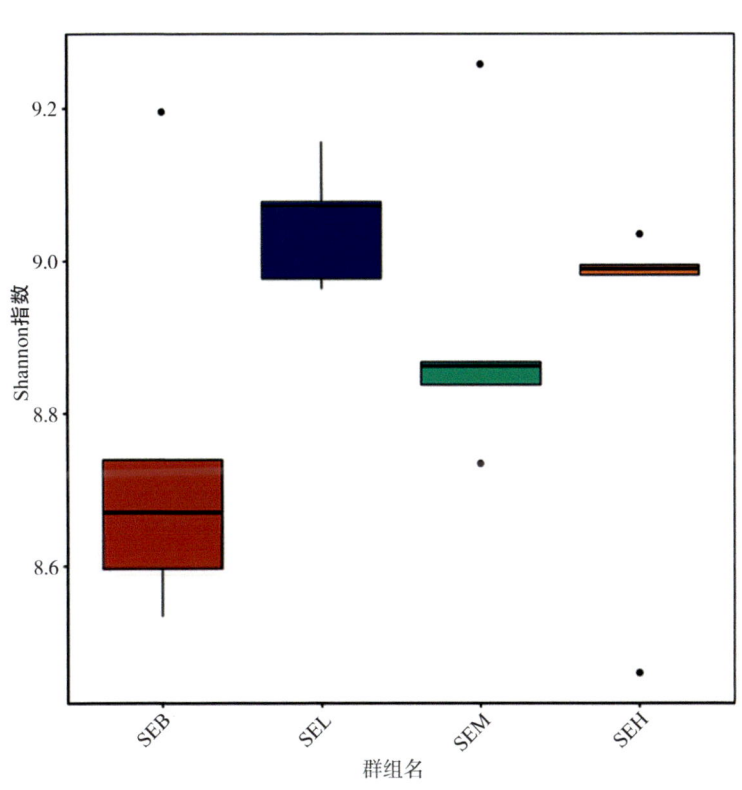

图 1.6　根际土壤样品组间细菌 Shannon 多样性指数

如图 1.7 所示，巴彦淖尔盐碱湿地盐角草种群根际土壤中主要的优势细菌门为变形菌门（Proteobacteria）、拟杆菌门（Bacteroidota）、放线菌门（Actinobacterota）、弯曲杆菌门（Gemmatimonadota）、Halobacterota，这 5 类菌群在盐角草种群根际土壤及盐碱裸地土壤中占优势，但所占比例存在差异。变形菌门（Proteobacteria）在盐角草种群根际土壤中的相对丰度为最高，并随着盐角草种群密度减少土壤中的变形菌门相对丰度呈降低趋势，盐碱裸地样品中嗜盐 Halobacterota 相对丰度最高。在属（genus）分类水平上（图1.8），各盐角草种群根际土壤中主要菌属为 *Antarcticibacterium*（好氧反硝化细菌属）、*Wenzhouxiangella*、*BD2-11_terrestrial_group*、*Halomonas*（盐单胞菌属）、*Natronococcus*、*Salegentibacter*、*Natronorubrum*、*PAUC43f_marine_benthic_group* 和 *Rhodohalobacter*，盐碱裸地和各盐角草种群样地根际土壤的优势属不同。作为优势属的 *Antarcticibacterium* 在盐碱裸地土壤中相对丰度最高为 9.21%，而不同样地盐角草种群根际土壤中细菌相对丰度不同，在 SEL 和 SEM 土壤中丰度最高为 *BD2-11_terrestrial_group*，丰度分别为 5.82% 和 6.78%，SEH 土壤中丰度最高为 *Wenzhouxiangella*，相对丰度为 6.12%。

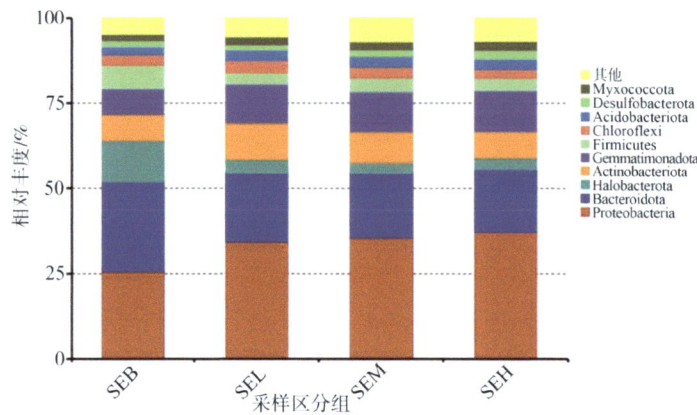

图 1.7　根际土壤样品细菌类群门水平分布图（前 10）

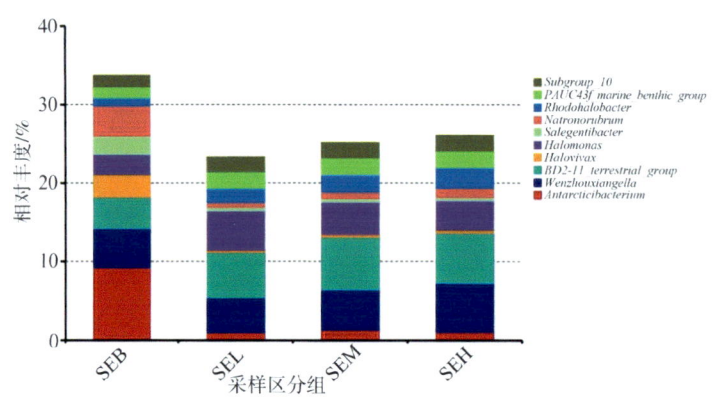

图 1.8　根际土壤样品细菌类群属水平分布图（前 10）

基于 Bray-Curtis 建立盐角草土壤样品间的非相似矩阵，利用非度量多维尺度分析（NMDS）不同盐角草种群密度土壤样品细菌群落结构组成的差异性。盐碱裸地（SEB）和高密度种群（SEH）土壤样品的距离最远，表明其土壤细菌群落结构差异程度大；低密度种群（SEL）和中密度种群（SEM）土壤样品的距离最近，表明其土壤真菌群落结构最相似；SEB 与 SEH、SEL、SEM 土壤样品的距离也较远，表明其土壤细菌群落结构也有较大的差异。Stress 值为 0.080（小于 0.2），说明 NMDS 分析可以准确反映样品间的差异程度。

土壤样品细菌群落聚类分析，结果显示土壤样品可分为两类，土壤样品 SEB 单独分为一类，土壤样品 SEL、SEM 和 SEL 具有很高相似性聚为一类，而且其中土壤样品 SEM 和 SEL 也有很高相似性（图 1.9）。盐角草种群根际土壤样品中细菌群落前 10 优势门的构成可分为两类，分别为Ⅰ：Desulfobacterota、

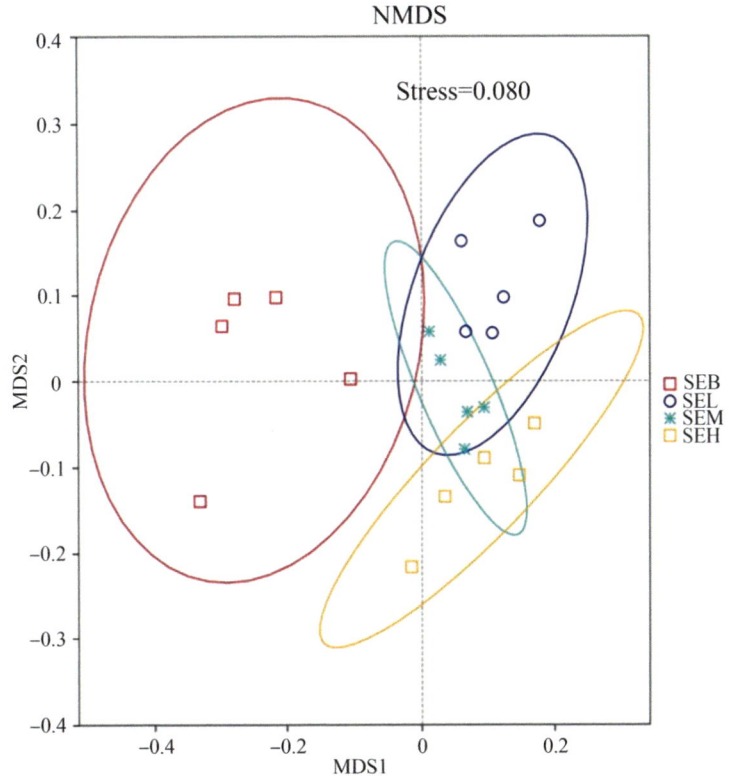

图 1.9　根际土壤样品组间 NMDS 分析（细菌）

Gemmatimonadota、Acidobacteriota、Myxococcota、Proteobacteria；Ⅱ：Firmicutes、Bacteroidota、Halobacterota、Actinobacterota、Chloroflexi；Gemmatimonadota、Acidobacteriota、Myxococcota、Proteobacteria 门在 SEB 根际土壤中丰度显著升高，而 Firmicutes、Bacteroidota、Halobacterota 门丰度在 SEB 根际土壤中丰度显著降低，趋于消失（图 1.10）。*Halomonas*、*Rhodohalobacter*、*BD2-11_terrestrial_group*、*PAUC43f_marine_benthic_group*、*Subgroup_10* 属丰度在 SEB 根际土壤中丰度显著降低，趋于消失，而 *Natronorubrum*、*Salegentibacter*、*Halovivax*、*Antarcticibacterium* 属在 SEB 根际丰度显著升高（图 1.11）。

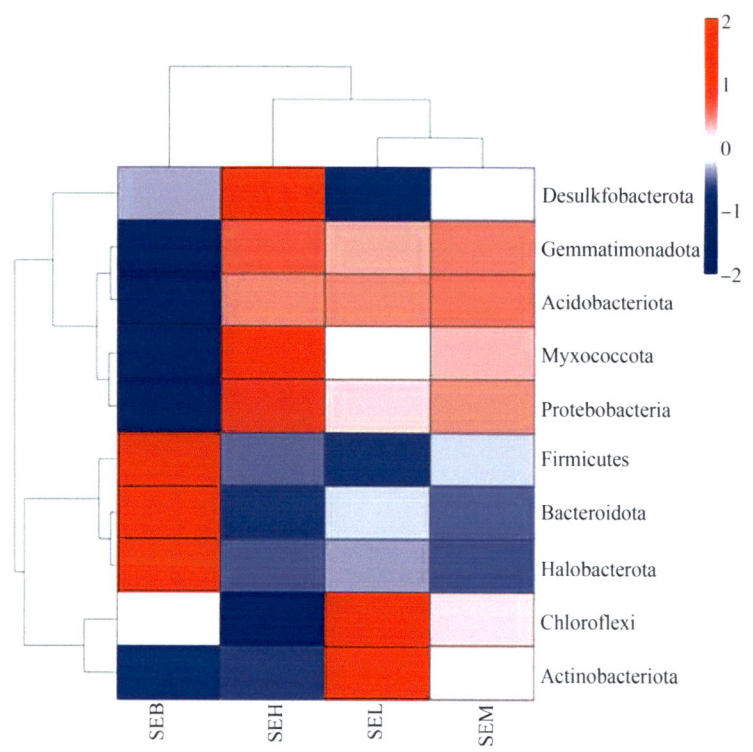

图 1.10 根际土壤样品细菌群落间聚类图（门）

1 盐角草种群根际土壤微生物多样性

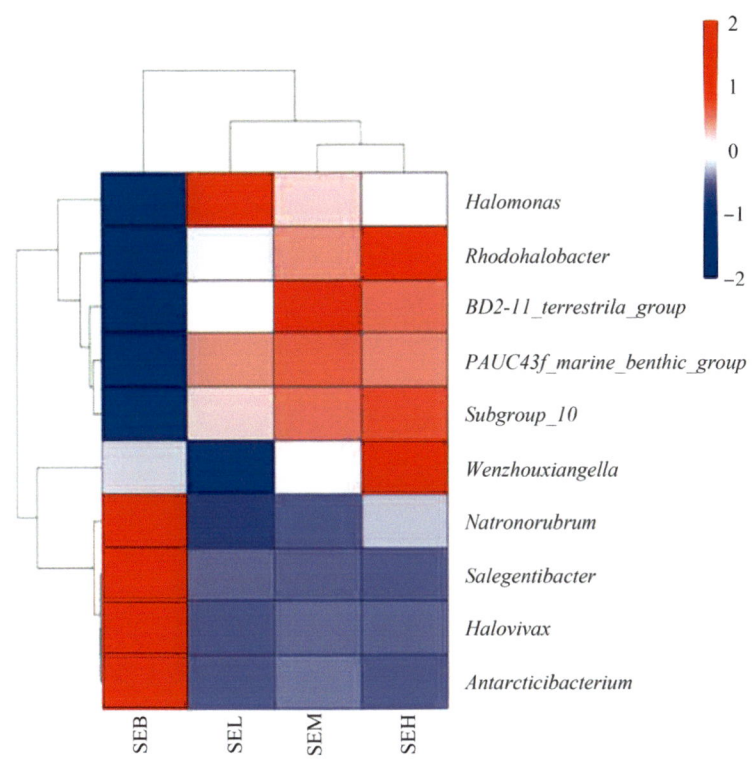

图 1.11 根际土壤样品细菌群落间聚类图（属）

如图 1.12 所示，从属水平上对盐角草种群根际土壤细菌和土壤理化性质进行冗余分析（RDA），横轴和纵轴对各土壤样品细菌群落组成差异的贡献值分别为 74.16% 和 9.45%，两者可解释 83.61% 的方差变异。经 RDA 分析，pH 值（$R^2=0.816\,3$，$P=0.000\,4$）、有效磷（$R^2=0.317\,1$，$P=0.040\,4$）、硝态氮（$R^2=0.895\,2$，$P=0.000\,4$）、有机碳（$R^2=0.373\,9$，$P=0.022\,4$）与根际土壤细菌群落相关性显著，是影响盐角草根际土壤细菌群落结构的重要环境因子。通过 Spearson 热图（图 1.13）对盐角草根际土壤细菌群落中相对丰度排名前 35 的属与环境因子进行相关分析，土壤 pH 值与细菌群落排名前 35 属中的 19 个属有显著相关性，土壤值 pH 值与 Antarcticibacterium、Halovivax、Aliifodinibius、Halorussus、Nitriliruptoraceae、Gillisia、Salinimicrobium 呈显著正相关关系（$P<0.05$），土壤 pH 值与 Wenzhouxiangella、BD2.11_terrestrial_group、Halomonas、Rhodohalobacter、S0134_terrestrial_group、KI89A_clade、Cm1.21、

Pelagibius、*Escherichia.Shigella*、*Saccharospirillum* 呈显著负相关（$P < 0.05$）。硝态氮与细菌群落排名前 35 属中的 12 个属有显著相关性，土壤硝态氮与 *Antarcticibacterium*、*Halovivax*、*Salegentibacter*、*Natronorubrum*、*Halorussus*、*Natronococcus*、*Salinimicrobium* 呈显著正相关关系，硝态氮与 *Halomonas*、*Rhodohalobacter*、*Marinobacter*、*Marinimicrobium*、*Saccharospirillum* 呈显著负相关（$P < 0.05$）。

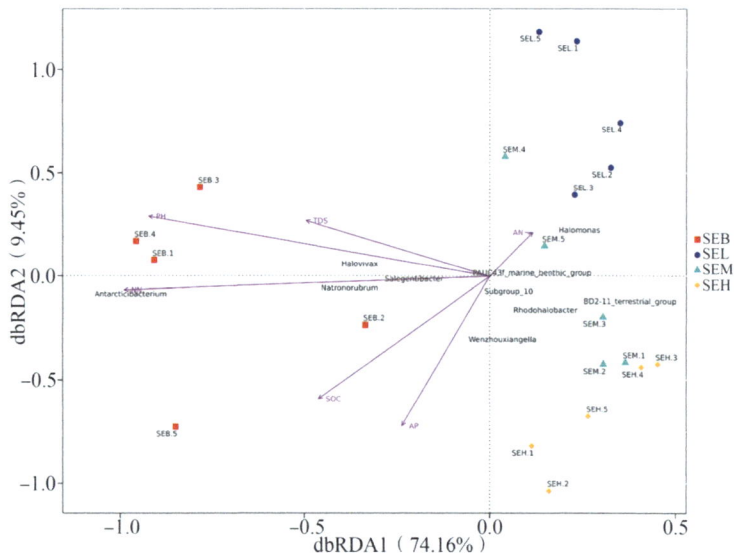

图 1.12　根际土壤样品间细菌群落与环境因子间的 RDA 分析

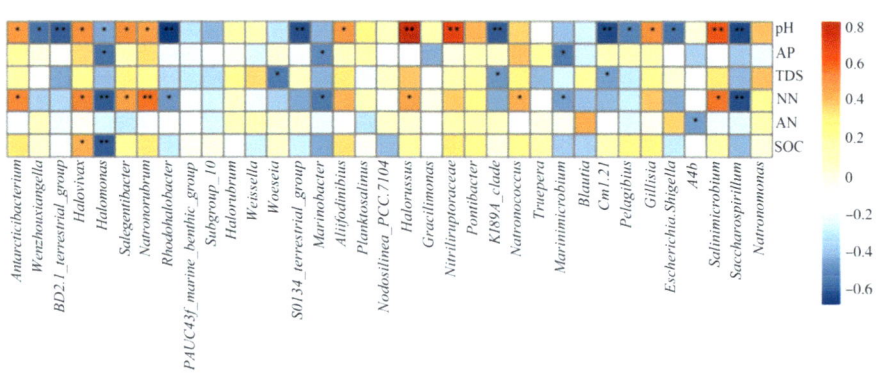

图 1.13　环境因子与根际土壤细菌群落组成（属水平）相关性热图

注：* 代表 $P<0.05$；** 代表 $P<0.01$；pH 代表土壤酸碱度；AP 代表有效磷；TDS 代表水溶性总盐；AN 代表铵态氮；NN 代表硝态氮；SOC 代表有机碳。

1.4 盐角草种群根际土壤真菌多样性

盐角草种群土壤真菌 α 多样性分析：盐角草种群土壤真菌群落丰富度及多样性分析结果表明（表 1.6），不同种群密度采样区种群根际土壤真菌测序观测深度均大于 0.99，测序结果能够真实反映土壤中真菌的存在情况。随种群密度递增土壤真菌丰度（Chao1 指数）有增加趋势，但无显著差异。土壤真菌群落 Shannon-Wiener 指数多样性指数与 Simpson 指数由高到低依次分别为：SEB > SEH > SEL > SEM，SEB 与 SEM、SEH 与 SEM 的真菌 Shannon 指数有显著差异（图 1.14）。

表 1.6 盐角草根际土壤真菌多样性指数

指数	盐碱裸地（SEB）	低密度种群（SEL）	中密度种群（SEM）	高密度种群（SEH）
Chao1 指数	279.90±22.00[a]	238.40±33.10[a]	252.30±41.30[a]	331.30±88.40[a]
Shannon-Wiener 指数	4.74±0.66[a]	3.99±0.55[b]	3.77±0.23[c]	4.68±0.88[ab]
Simpson 指数	0.88±0.06[a]	0.81±0.09[ab]	0.78±0.03[b]	0.87±0.05[a]
覆盖度	0.999	0.999	0.999	0.999

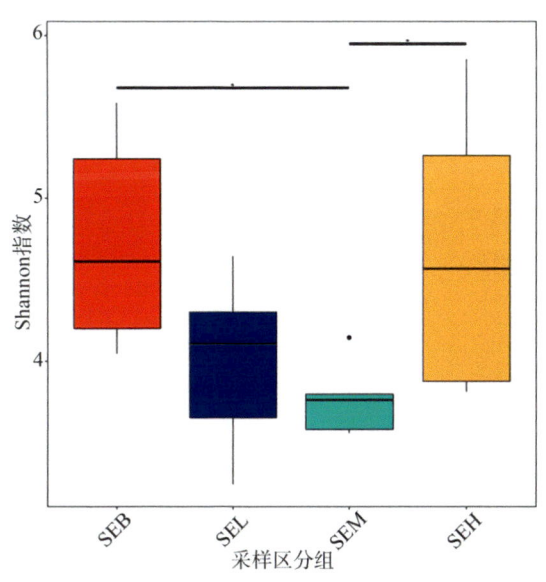

图 1.14 根际样品组间真菌 Shannon 多样性指数

在门水平上，盐角草土壤真菌群落中子囊菌门（Ascomycota）、壶菌门（Chytridiomycota）和担子菌门（Basidiomycota）占绝对优势，还包括少量的球囊菌门（Glomeromycota）、接合菌门（Zygomycota）、隐真菌门（Rozellomycota）组成。随盐角草种群密度的递增，子囊菌门和壶菌门真菌群落呈增加态势，其中土壤中子囊菌门数量最多，SEB、SEL、SEM 和 SEH 丰度分别为 45.5%、77.6%、72.9% 和 46.9%；SEB、SEL、SEM 和 SEH 土壤中壶菌门真菌丰度分别为 1.8%、5.7%、5.5% 和 20.8%；SEB、SEL、SEM 和 SEH 土壤中担子菌门（Basidiomycota）真菌丰度分别为 0.89%、1.76%、1.81% 和 1.05%（图 1.15）。在属水平上，大茎点属（*Macrophoma*）、赛多孢菌属（*Scedosporium*）、单孢囊菌属（*Monosporascus*）、枝顶孢属（*Acremonium*）、链格孢属（*Alternaria*）真菌占优势，其中土壤中大茎点属（*Macrophoma*）数量最多，并且其丰度随盐角草种群密度递增有上升趋势，SEB、SEL、SEM 和 SEH 丰度分别为 15.1%、37.8%、43.6% 和 14.8%，赛多孢菌属（*Scedosporium*）在盐碱裸地（SEB）中丰度最高占 8.1%，而单孢囊菌属（*Monosporascus*）在高密度种群样地（SEH）中丰度最高 8.1%（图 1.16）。

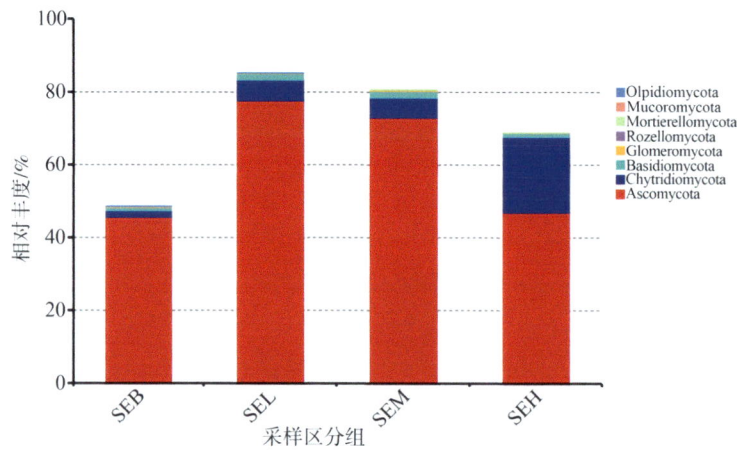

图 1.15 根际土壤样品真菌类群门水平分布图（前 10）

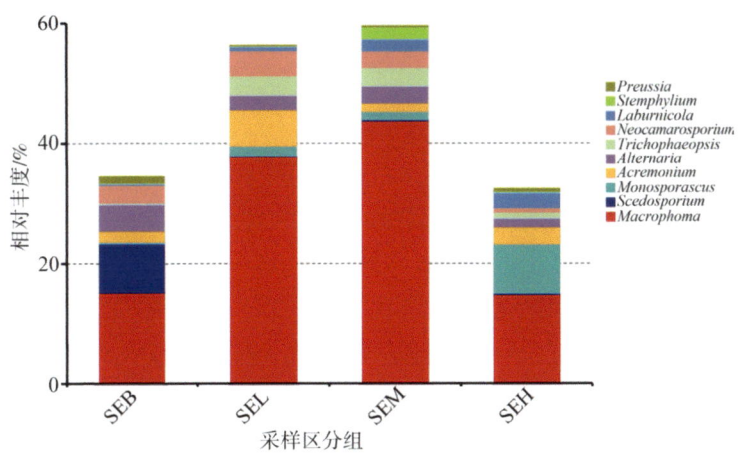

图1.16　根际土壤样品真菌类群属水平分布图（前10）

基于Bray-Curtis建立盐角草土壤样品间的非相似矩阵，利用非度量多维尺度分析（NMDS）不同盐角草种群密度土壤样品真菌群落结构组成的差异性。盐碱裸地（SEB）和高密度种群（SEH）土壤样品的距离最远，表明其土壤真菌群落结构差异程度大；低密度种群（SEL）和中密度种群（SEM）土壤样品的距离最近，表明其土壤真菌群落结构最相似；SEB、SEH与SEL、SEM土壤样品的距离也较远，表明其土壤真菌群落结构也有较大的差异。Stress值为0.087（小于0.2），说明NMDS分析可以准确反映样品间的差异程度（图1.17）。

为揭示影响盐角草种群根际土壤真菌群落的环境因子，以盐角草种群根际土壤真菌土壤理化因子为揭示变量进行Spearman相关性分析和RDA分析。门分类水平下，Spearman相关性分析结果显示，在盐角草种群根际土壤真菌群落丰度为前8的优势门中，土壤中占绝对优势的子囊菌门（Ascomycota）与土壤有效磷和有机质呈显著的负相关（$P < 0.05$），壶菌门（Chytridiomycota）与土壤pH值和硝态氮呈显著的负相关（$P < 0.05$），担子菌门（Basidiomycota）与土壤有机质呈显著的负相关（$P < 0.05$），Mucoromycota门与土壤pH值和硝态氮呈显著正相关（$P < 0.05$），其余4个门，在门分类单位相对丰度均不受土壤理化因子显著影响。RDA分析结果表明，真菌群落在第一轴和第二轴上的解释度分别为46.80%和32.26%，真菌类群与土壤理化因子的

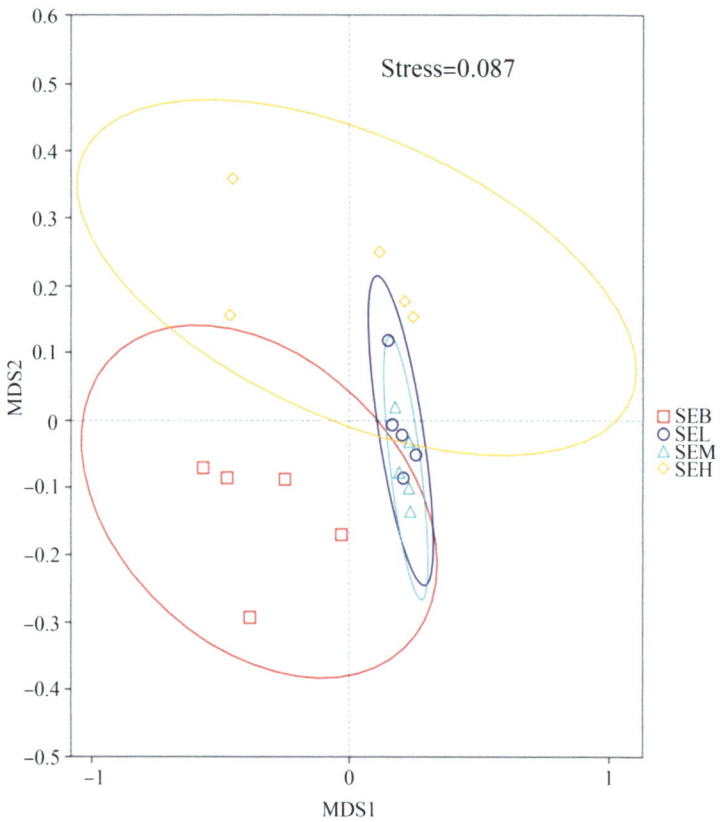

图 1.17　根际土壤样品组间 NMDS 分析（真菌）

相关关系与 Spearman 相关性分析结果基本一致。属分类水平下，大茎点属（*Macrophoma*）、赛多孢菌属（*Scedosporium*）、链格孢属（*Alternaria*）、*Trichophaeopsis* 和 *Neocamarosporium* 相对丰度不受土壤理化因子显著影响，其余属分类单位的相对丰度均不同程度地受到土壤理化因子的影响。其中，单孢囊菌属（*Monosporascus*）与土壤 pH 值呈显著负相关（$P < 0.05$），枝顶孢属（*Acremonium*）与土壤有机质呈显著负相关（$P < 0.05$），*Laburnicola* 与土壤 pH 值和硝态氮呈显著负相关（$P < 0.05$），*Stemphylium* 与土壤有机质呈显著正相关（$P < 0.05$），*Preussia* 与土壤硝态氮呈显著正相关（$P < 0.05$）。值得注意的是，在前 10 门和属中，不论是门分类水平还是属分类水平下，土壤可溶性盐与铵态氮与真菌间无显著的关联（图 1.18）。RDA 分析结果显示，第一轴和第二轴对真菌群落差异的贡献值分别为 62.72% 和 16.3%，真

菌类群与土壤理化因子的相关关系与 Spearman 相关性分析结果基本一致（图 1.19）。

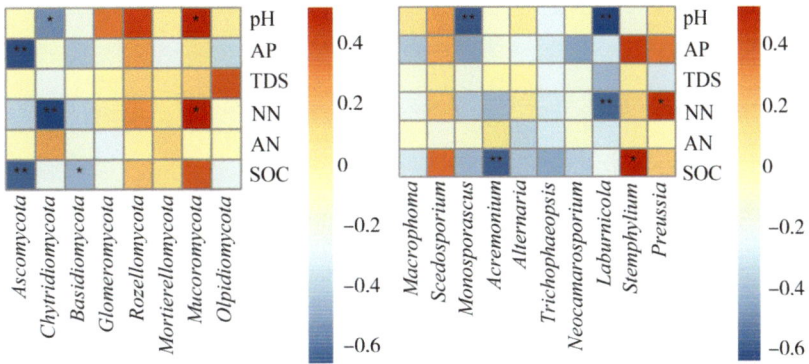

图 1.18　环境因子与根际土壤真菌群落组成（门及属水平）相关性热图

注：* 代表 $P < 0.05$；** 代表 $P < 0.01$；pH 代表土壤酸碱度；AP 代表有效磷；TDS 代表水溶性总盐；AN 代表铵态氮；NN 代表硝态氮；SOC 代表有机碳。

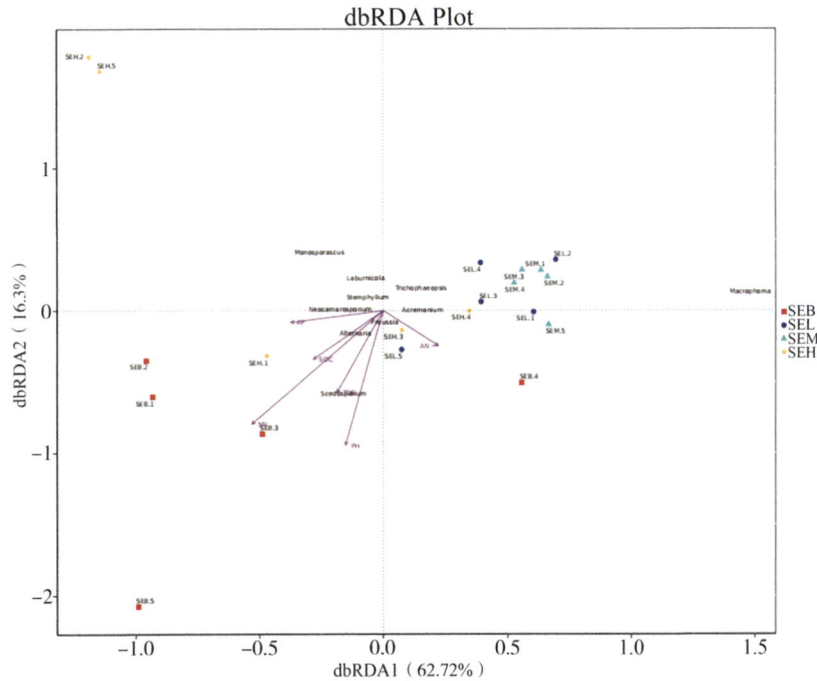

图 1.19　根际土壤样品间真菌群落与环境因子间的 RDA 分析

基于真菌的物种分类，通过FUNGuild数据库进行土壤真菌功能注释。如图1.20所示，盐角草种群根际土壤真菌群落主要由3类营养型和6类互有交叉营养型功能菌群组成。分别是植物病原菌（Plant Pathogen）、腐生菌（Undefined Saprotroph）、动物病原菌（Animal Pathogen）、动物病原菌–内生真菌–寄生性真菌–植物病原菌–木材腐生菌（Animal Pathogen–Endophyte–Fungal Parasite–Plant Path ogen–Wood Saprotroph）、动物病原菌–内生真菌–植物病原菌–木材腐生菌（Animal Pathogen–Endophyte–Plant Pathogen–Wood Saprotroph）、植物病原菌–木材腐生菌（Plant Pathogen–Wood Saprotroph）、粪腐菌–未知腐生菌–木材腐生菌（Dung Saprotroph–Undefined Saprotroph–Wood Saprotroph）、粪腐菌–土壤腐生菌–木材腐生菌（Dung Saprotroph–Soil Saprotroph–Wood Saprotroph）、寄生性真菌–未知腐生菌（Fungal Parasite–Undefined Saprotroph）。盐角草种群根际土壤真菌群落的营养型以植物病原菌营养型占主导优势，其中各盐角草种群密度样地土壤根际植物病原菌群比例高于盐碱裸地，SEB（16.5%）、SEL（39.8%）、SEM（45.3%）和SEH（23.4%）；在盐碱裸地土壤真菌群落的营养型以腐生营养型为主，其比例高于各盐角草种群密度样地，SEB（12.2%）、SEL（4.9%）、SEM（4.5%）和SEH（3.4%）；在互有交叉营养型中，各盐角草种群密度样地土壤根际动物病原菌–内生真菌–寄生性真菌–植物病原菌–木材腐生菌群比例略高于盐碱裸地。

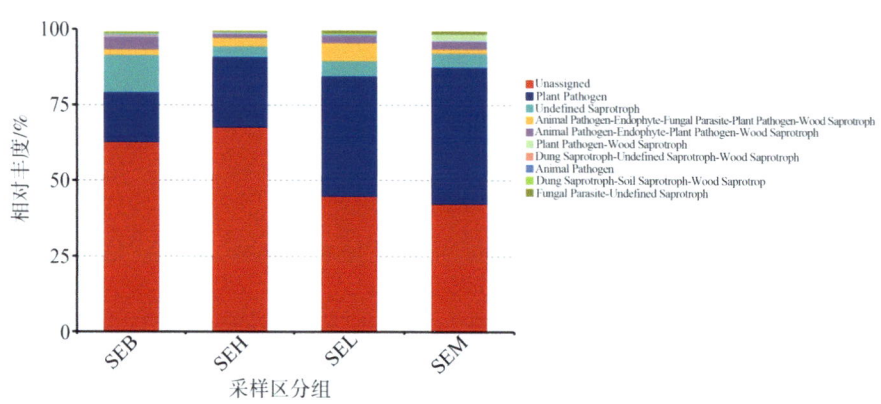

图1.20　盐角草种群根际土壤真菌基群落功能菌群相对丰度

动物病原菌–内生真菌–植物病原菌–木材腐生菌、腐生菌、粪腐菌–未知腐生菌–木材腐生菌在 SEB 样地中显著高于其他样地，动物病原菌–内生真菌–寄生性真菌–植物病原菌–木材腐生菌、动物病原菌、粪腐菌–土壤腐生菌–木材腐生菌在 SEL 样地中显著高于其他样地，植物病原菌–木材腐生菌和植物病原菌在 SEM 样地中显著高于其他样地。同时，从图 1.21 中可以看出，SEM 与 SEH 最先聚为一类，说明各自对应两个组之间土壤真菌的功能菌群结构相似度最高，而 SEB 和 SEL 再各自聚为一类，其中，SEB 和其他样地间土壤真菌的功能菌群结构存在较大的差异（图1.21）。

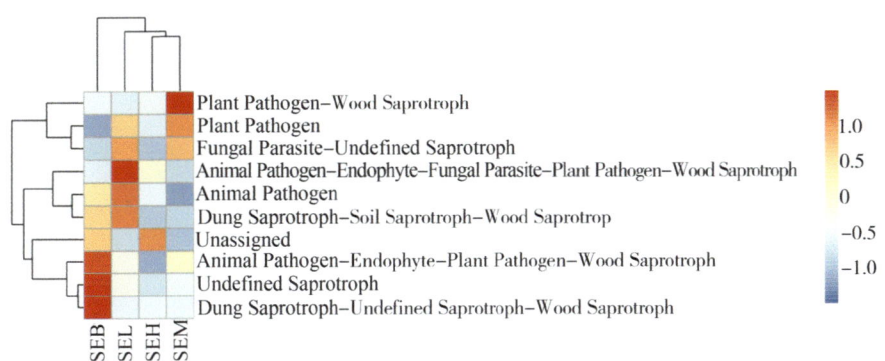

图 1.21　盐角草种群根际土壤真菌基群落功能菌群聚类

1.5　结论

（1）蒙古高原盐角草地理隔离种群的株高、分枝数和生物量有显著差异，其中典型草原区巴彦淖尔盐湖盐角草个体分枝数和生物量显著高于其他种群（$P<0.05$），吉兰泰盐池盐角草和乌梁素海盐角草株高显著高于其他种群株高（$P<0.05$），盐角草各地理隔离种群个体分枝数与生物量间呈显著正相关（$P<0.05$），盐角草地理隔离种群主要性状中株高变异系数小于分枝数和生物量；在区域尺度上，年均气温和土壤电导率是影响蒙古高原盐角草个体分枝数和生物量主要环境因素之一。

（2）盐角草种群密度递减会导致根际土壤酸碱度和盐分递增，有效磷含量降低，硝态氮含量升高；盐角草根际土壤细菌群落 Simpson 指数显著高于盐碱裸地；盐角草不同种群根际土壤样品细菌群落组成分析，变形菌门（Proteobacteria）、拟杆菌门（Bacteroidota）为主要优势菌门，丰度大于50%；好氧反硝化细菌属（*Antarcticibacterium*），*Wenzhouxiangella*，BD2-11_terrestrial_group 为主要优势菌属，丰度大于10%；土壤 pH 值和硝态氮是显著影响盐角草根际土壤细菌群落组成的环境因子。

（3）盐角草不同种群根际土壤样品真菌群落组成分析，土壤中子囊菌门占优势，丰度大于40%，土壤中大茎点属丰度大于10%，其中各盐角草种群根际土壤子囊菌门和大茎点属丰度远大于盐碱裸地；SEB 与 SEM、SEH 与 SEM 的真菌 Shannon 指数有显著差异；子囊菌门与土壤有效磷和有机质呈显著的负相关；土壤根际真菌群落在前 10 门和属中，不论是门分类水平还是属分类水平下，土壤可溶性盐与铵态氮与真菌间无显著的关联；盐角草种群根际土壤真菌群落的营养型以植物病原菌营养型占主导优势，其中各盐角草种群密度样地土壤根际植物病原菌群比例高于盐碱裸地。

2 主要盐生植物根际土壤微生物多样性

　　盐生植物根际土壤微生物是土壤组成中最重要和最活跃的部分，微生物通过其自身生命活动，可以改变土壤理化特征，在维持土壤生态平衡、促进植物生长方面发挥着重要作用，对促进土壤养分循环和提高生态效率具有积极影响。盐碱湿地不同盐生植物根际土壤微生物菌群存在差异，在植物生长适应抗逆性环境中所发挥的作用也不同。内蒙古自治区锡林浩特市巴彦淖尔盐湖周边盐渍土广泛发育，特殊的高盐碱环境及地理气候特征使盐湖周边形成了独特的植物多样性资源和湿地生态环境。该地区内广泛分布着盐角草（*Salicornia europaea* L.）、盐爪爪［*Kalidium foliatum*（Pall.）Moq.］、白刺（*Nitraria tangutorum* Bobr.）、碱蓬［*Suaeda glauca*（Bunge）Bunge］、芨芨草［*Achnatherum splendens*（Trin.）Nevski］等优势盐生植物物种。此外，还生长着芦苇［*Phragmites australis*（Cav.）Trin. ex Steud.］、赖草［*Leymus secalinus*（Georgi）Tzvel.］、西伯利亚蓼（*Polygonum sibiricum* Laxm.）、乳苣［*Mulgedium tataricum*（L.）DC.］、独行菜（*Lepidium apetalum* Willd.）以及白茎盐生草（*Halogeton arachnoideus* Moq.）等其他伴生植物物种。本研究以内蒙古自治区锡林浩特市巴彦淖尔盐碱湿地中的4种盐生植物为材料，采用测序平台对其根际土壤细菌及真菌群落结构和多样性进行分析，旨在探究对盐生植物耐受盐碱胁迫有显著影响的关键微生物群落，为盐碱地合理开发利用提供理论依据。

2.1　样地概况及研究方法

本研究试验地位于内蒙古自治区锡林浩特市巴彦淖尔湿地，是典型草原核心区内盐湖（43.921 9°N，115.601 7°E），属于中温带半干旱大陆性气候，土壤为盐碱土；海拔1 032 m，年均气温 –0.1℃，≥10℃年积温1 600℃，无霜期为100 d左右；年平均降水量约350 mm，多集中在6—9月，且雨热同期。植被类型是隐域性盐生植物，土壤类型为盐化草甸土。主要优势种有盐角草（*Salicornia europaea*）、盐地碱蓬（*Suaeda salsa*）、尖叶盐爪爪（*Kalidium cuspidatum*）、芦苇（*Phragmites australis*）、芨芨草（*Achnatherum splendens*）、唐古特白刺（*Nitraria tangutorum*）等。2022年7月，选取5种锡林浩特市巴彦淖尔盐湖周边盐生植物，进行根际土壤样品采集。其分别为：盐角草（SE）、盐地碱蓬（SS）、尖叶盐爪爪（KC）、芨芨草（AS）、唐古特白刺（NT），在每个样地内各设置5个10 m×10 m样方，每个样方内进行根际土壤采样，设立5个采样点取混合土样，每处获得5组平行样品。分别在样方4个角和中心采集0～20 cm的土层，重复取样5次，各层土样均匀混合后，一部分使用5 mL离心管放置并保存于液氮罐中，用于根际细菌及真菌群落测定，另一部分装入密封袋中带回实验室，经自然风干处理后过筛（2 mm）；一类土样保存在 –20℃冰箱用于微生物测序分析（保存时间为72 h），另一类土样风干保存以用作土壤理化性质测定。土壤样品送至北京诺禾致源生物科技有限公司进行微生物群落测序。

2.2　盐生植物根际土壤细菌多样性

典型草原区盐湖主要盐生植物根际土壤细菌群落Shannon指数分析表明，盐生植物根际土壤中主要的优势细菌门为变形菌门（Proteobacteria）、拟杆菌门（Bacteroidota）、放线菌门（Actinobacterota）、弯曲杆菌门（Gemmatimonadota）、Halobacterota，这5类菌群在盐角草种群根际土壤及盐碱裸地土壤中占优势，其丰度和大于70%。5种主要盐生植物根际土壤细菌优势菌属为*Wenzhouxiangella*、*BD2-11_terrestrial_group*、*Halomonas*（盐单胞菌属), 其丰度大于 10%(图 2.1、图 2.2)。盐角草 (SE) 外围 4 种盐生植物细菌 Shannon 多样性指数均高于盐角草, 其中盐地碱蓬 (SS) 和尖叶盐爪爪 (KC) 根际土壤细菌多样性指数显著高于盐角草 ($P < 0.05$), 其余 4 种盐生植物根际土壤细菌多样性指数间无显著差异, 但盐湖外围的盐生植物根际土壤细菌多样性相对较高 (图 2.3)。

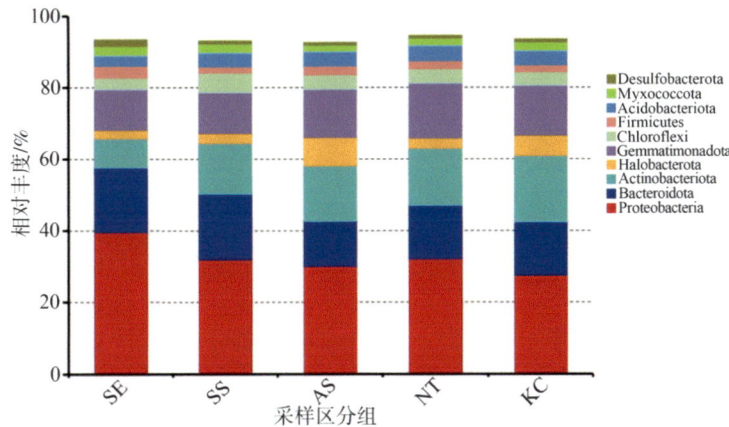

图 2.1　根际土壤样品细菌菌群门水平分布图(前 10)

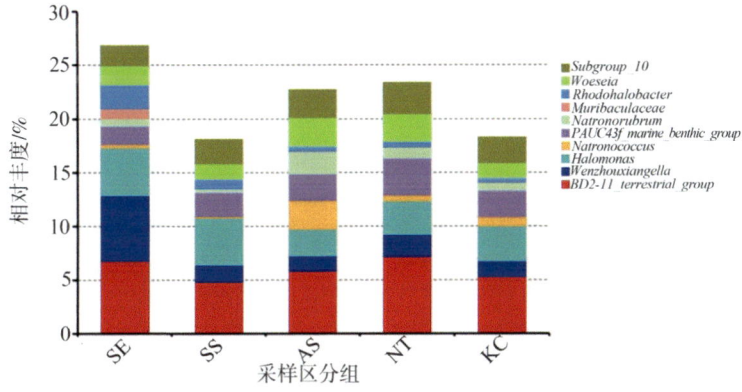

图 2.2　根际土壤样品细菌菌群属水平分布图(前 10)

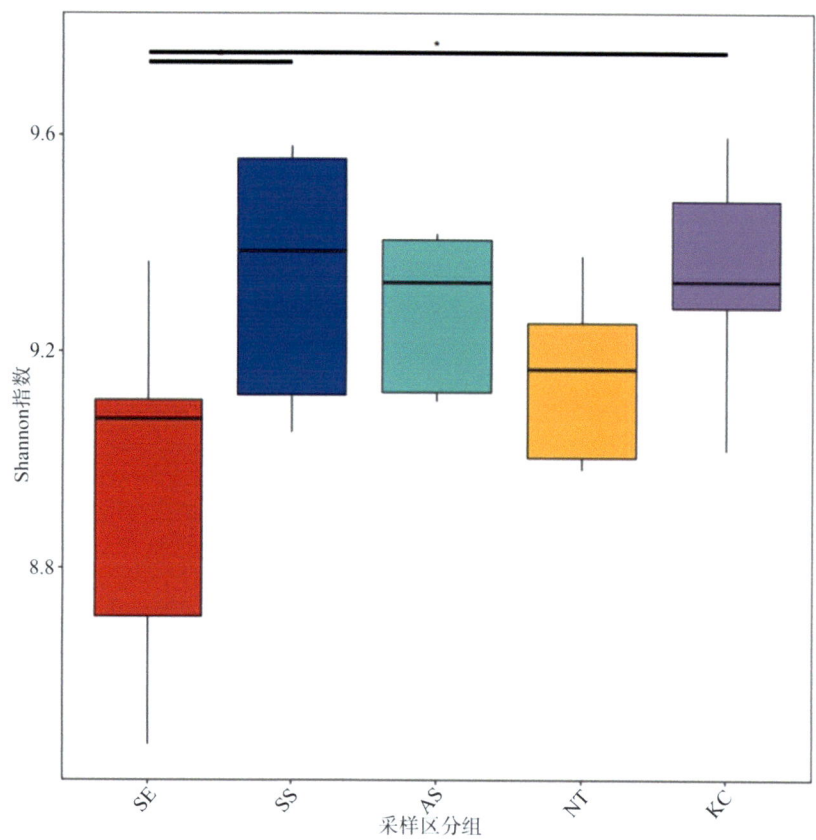

图 2.3　根际土壤样品组间细菌 Shannon 多样性指数

盐角草（SE）和盐地碱蓬（SS）属于盐湖近水面的一年生盐生先锋植物，盐角草（SE）为盐地水生植物，盐地碱蓬（SS）为盐地湿生植物，都具有作为家畜辅助饲料栽培的潜在价值。我们主要分析这两种耐盐牧草和周边多年生禾本科盐生牧草、多年生盐生灌木、多年生耐盐耐旱灌木间根际土壤细菌组间差异。

盐角草（SE）和盐地碱蓬（SS）之间有 8 个细菌门［变形菌门（Proteobacteria）、放线菌门（Actinobacteriota）、Chloroflexi、Desulfobacterota、Planctomycetota、Crenarchaeota、Entotheonellaeota、Sumerlaeota］的相对丰度有显著差异（$P < 0.05$）（图 2.4）。盐角草和耐盐多年生禾本科牧草芨芨草之间 11 个细菌门［变形菌门（Proteobacteria）、放线菌门（Actinobacteriota）、Myxococcota、

2 主要盐生植物根际土壤微生物多样性

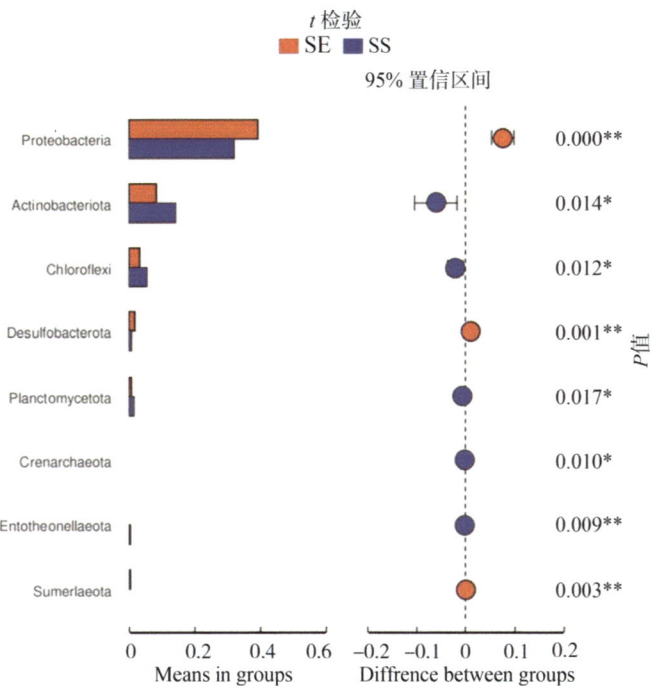

图 2.4　盐角草和盐地碱蓬根际土壤细菌菌群结构比较（门）

Desulfobacterota、Planctomycetota、Crenarchaeota、Deinococcota、Entotheonellaeota、Bdellovibrionota、Sumerlaeota、Hydrogenedentes］的相对丰度有显著差异（$P < 0.05$）（图 2.5）。盐角草（SE）和盐生灌木尖叶盐爪爪（KC）之间有 9 个菌门［变形菌门（Proteobacteria）、放线菌门（Actinobacteriota）、Desulfobacterota、Planctomycetota、Entotheonellaeota、Cyanobacteria、Sumerlaeota、Halanaerobiaeota、Themoplasmatota］的相对丰度有显著差异（$P < 0.05$）（图 2.6）。盐角草和耐盐耐旱灌木唐古特白刺（NT）之间有 8 个菌门［变形菌门（Proteobacteria）、放线菌门（Actinobacteriota）、Actinobacteriota、Myxococota、Desulfobacterota、Bdellovibrionota、Nitrospirota、Sumerlaeota］的相对丰度有显著差异（$P < 0.05$）（图 2.7）。t 检验分析表明，盐角草（SE）和其他 4 种盐生植物组间根际土壤细菌菌群中变形菌门（Proteobacteria）和放线菌门（Actinobacterota）丰度最高，盐角草（SE）根际土壤变形菌门（Proteobacteria）显著高于 4 种盐生植物，而放线菌门（Actinobacterota）丰度显著低于其他 4 种盐生植物。

· 25 ·

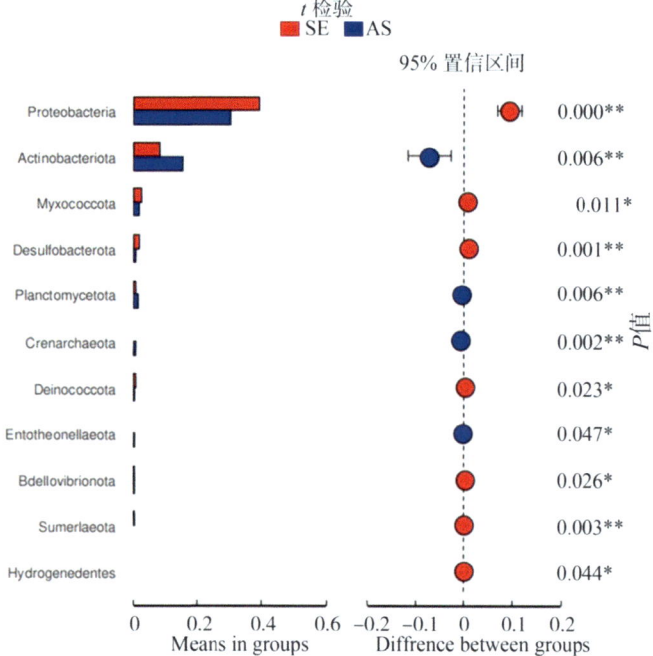

图 2.5　盐角草和芨芨草根际土壤细菌群落结构比较（门）

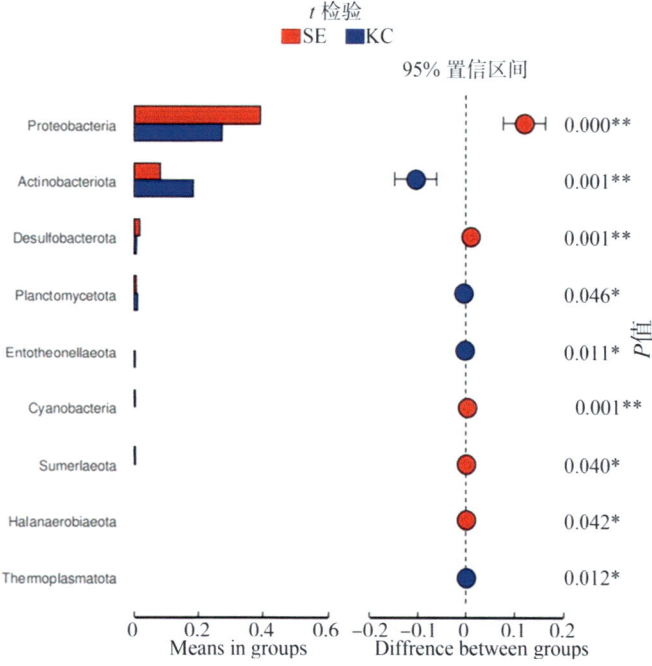

图 2.6　盐角草和尖叶盐爪爪根际土壤细菌群落结构比较（门）

2 主要盐生植物根际土壤微生物多样性

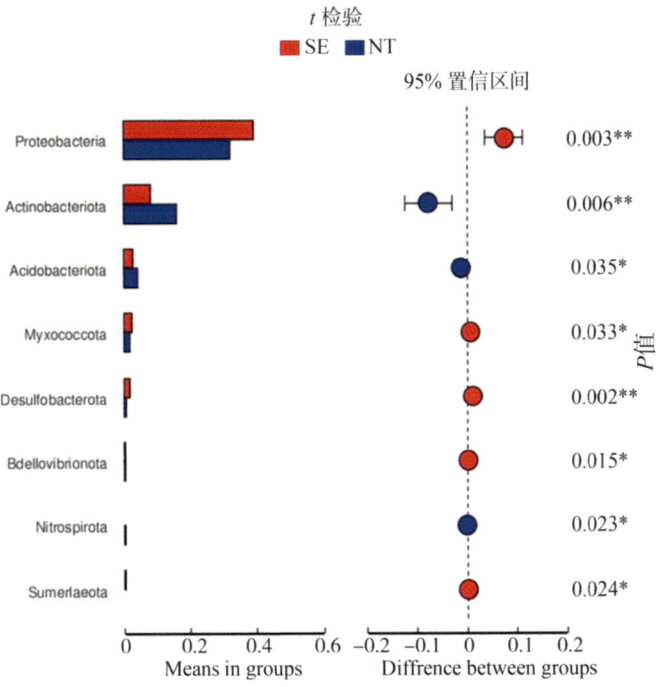

图 2.7 盐角草和唐古特白刺根际土壤细菌群落结构比较（门）

盐地碱蓬（SS）和芨芨草（AS）之间 5 个菌门（Chloroflexi、Myxococcota、Crenarchaeota、Deinococcota、Bdellovibrionota）的相对丰度有显著差异（$P < 0.05$）（图 2.8）。盐地碱蓬（SS）和盐生灌木尖叶盐爪爪（KC）之间有 5 个菌门（Proteobacteria、Actinobacteriota、Chloroflexi、Cyanobacteria、Thermoplasmatota）的相对丰度有显著差异（$P < 0.05$）（图 2.9）。盐地碱蓬（SS）和耐盐耐旱灌木唐古特白刺（NT）之间有 7 个菌门（Gemmatimonadota、Chloroflexi、Myxococcota、Verrucomicrobiota、Deinococcota、Bdellovibrionota、Nitrospirota）的相对丰度有显著差异（$P < 0.05$）（图 2.10）。

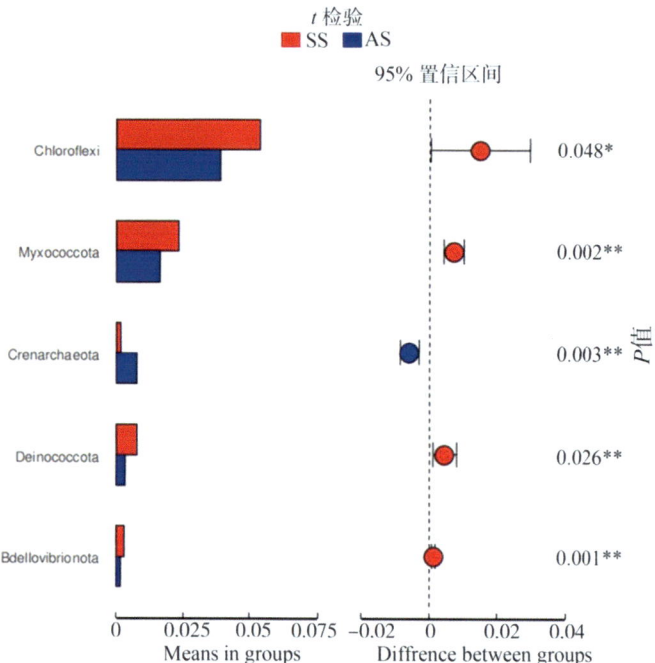

图 2.8　盐地碱蓬和芨芨草根际土壤细菌群落结构比较（门）

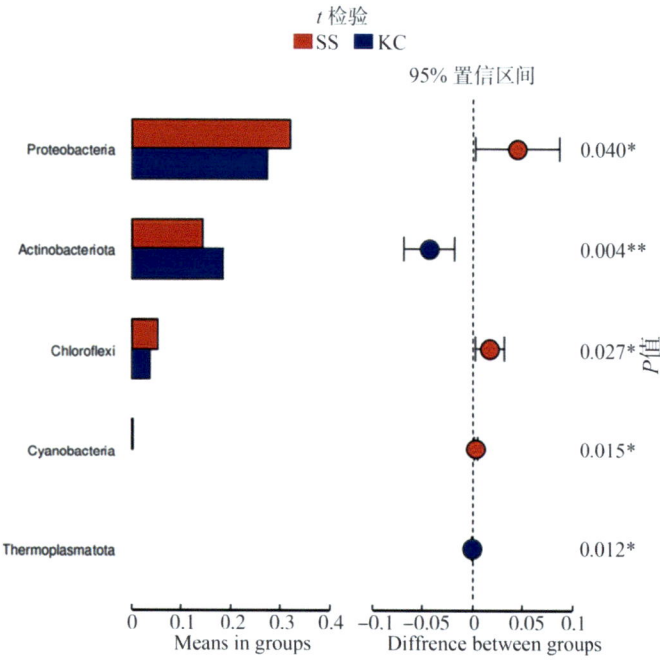

图 2.9　盐地碱蓬和尖叶盐爪爪根际土壤细菌群落结构比较（门）

2 主要盐生植物根际土壤微生物多样性

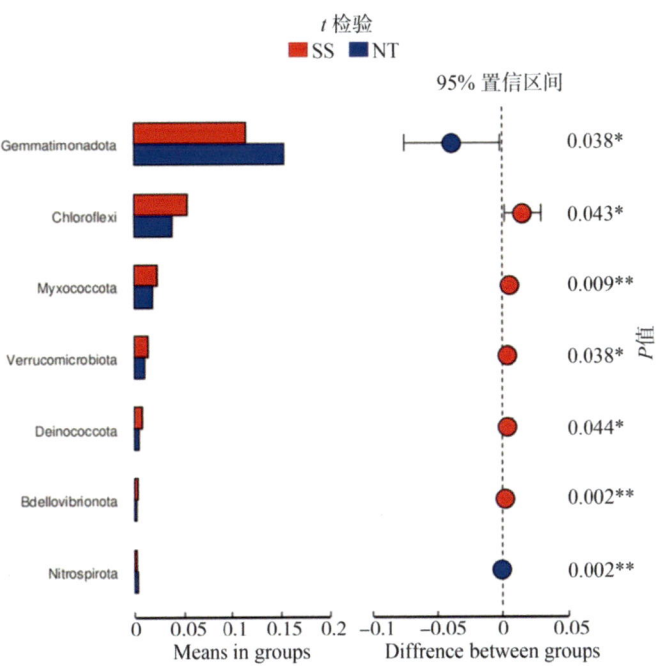

图 2.10 盐地碱蓬和唐古特白刺根际土壤细菌群落结构比较（门）

根际土壤样品细菌菌群聚类分析，结果显示土壤样品可分为两类，土壤样品 SE 单独分为一类，土壤样品 SS、AS、NT 和 KC 具有很高相似性聚为一类，而且其中土壤样品 NT 和 KC 也有很高相似性。主要盐生植物根际土壤样品中细菌菌群前 10 优势门的构成可分为三类，分别为 I：Myxococcota、Bacteroidota；II：Firmicutes、Desulfobacterota、Proteobacteria；III：Chloroflexi、Halobacterota、Gemmatimonadota、Acidobacteriota、Actinobacterota。Firmicutes、Desulfobacterota、Proteobacteria 门在 SE 根际土壤中丰度偏高，Chloroflexi 门在 SS 根际土壤中丰度偏高，Halobacterota 门在 AS 根际土壤中丰度偏高（图 2.11）。

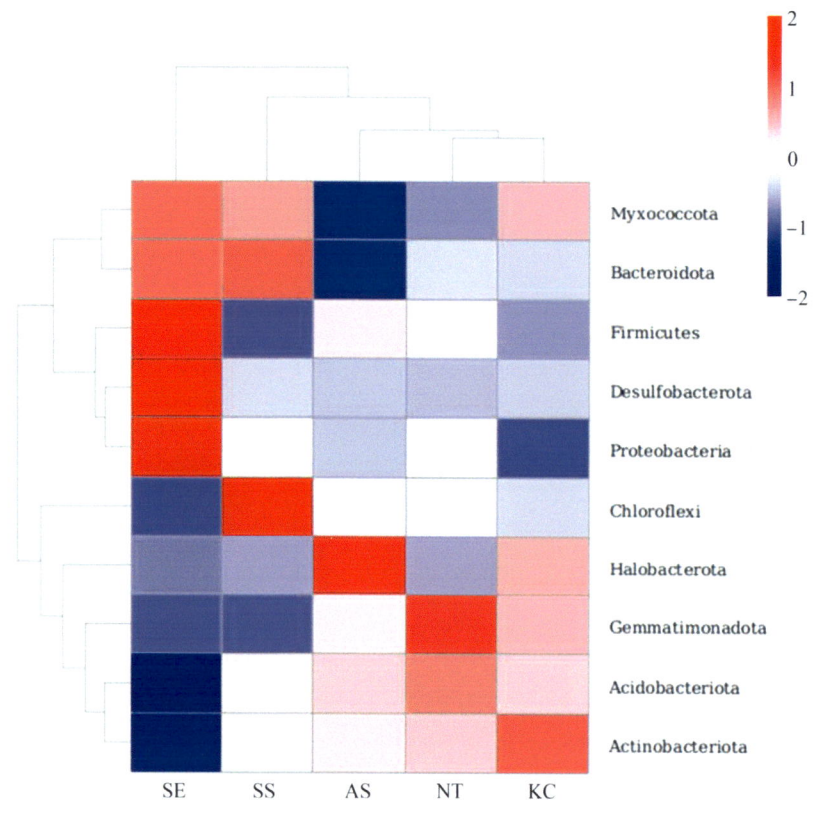

图 2.11 根际土壤样品细菌群落间聚类图（前 10）

2.3 盐生植物根际土壤真菌多样性

在门水平上，5 种盐生植物根际土壤真菌群落检测到了 8 个真菌门类，子囊菌门（Ascomycota）、壶菌门（Chytridiomycota）和担子菌门（Basidiomycota）占绝对优势，子囊菌门丰度分别为 59.8%（SE）、66.9%（SS）、76.5%（AS）、77.5%（NT）、62.5%（KC），壶菌门丰度分别为 18.3%（SE）、0.69%（SS）、4.39%（AS）、1.41%（NT）、2.455%（KC），担子菌门丰度分别为 1.35%（SE）、1.36%（SS）、1.0%（AS）、0.56%（NT）、4.61%（KC）。还包括少量被孢霉门（Mortierellomycota）、毛霉门（Mucoromycota）、油壶菌门（Olpidiomycota）和罗兹菌门（Rozellomycota），相对丰度 < 1%（图 2.12）。在属水平上，5 种盐生植物根际土壤真菌群落前 10 个真菌

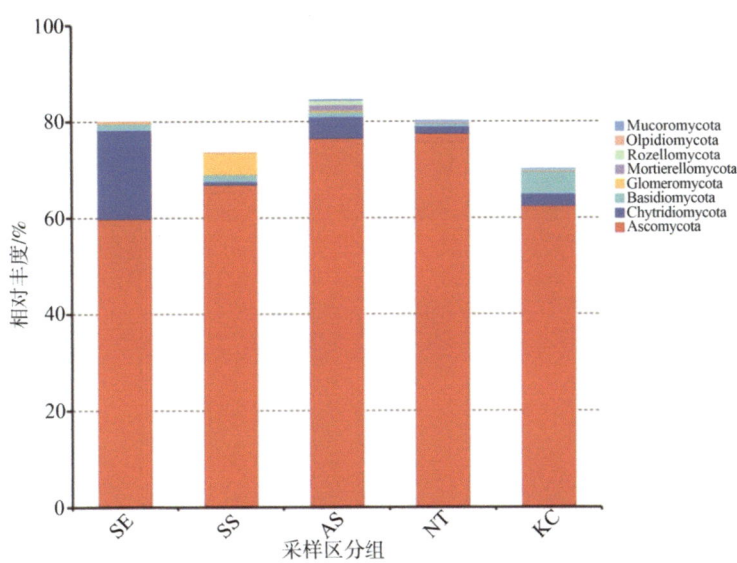

图2.12　5种盐生植物根际土壤样品真菌类群门水平分布图（前10）

属类有大茎点属（*Macrophoma*）、赛多孢菌属（*Scedosporium*）、枝顶孢属（*Acremonium*）、链格孢属（*Alternaria*）、*Mycochlamys*、小囊菌属（*Microascus*）、盘菌属（*Tricharina*）、绿僵菌（*Metarhizium*）、假裸囊菌属（*Pseudogymnoascus*）及波氏菌属（*Beauveria*）。大茎点属（*Macrophoma*）丰度分别为16.6%（SE）、11.8%（SS）、7.4%（AS）、14.1%（NT）及1.1%（KC）。大茎点属（*Macrophoma*）在盐角草、盐地碱蓬、芨芨草、唐古特白刺根际土壤真菌中丰度较高。枝顶孢属（*Acremonium*）在盐地碱蓬、唐古特白刺及尖叶盐爪爪根际土壤中丰度分别为15.5%、17.3%、10.4%，赛多孢菌属（*Scedosporium*）在禾本科多年芨芨草根际土壤中丰度最高可占20.0%（图2.13）。盐地碱蓬、芨芨草、唐古特白刺及尖叶盐爪爪4种盐生植物根际土壤Shannon多样性指数无显著差异，盐生灌木尖叶盐爪爪（KC）Shannon多样性指数均高于其他4种盐生植物，其中，尖叶盐爪爪和盐角草Shannon多样性指数有显著差异（$P < 0.05$）（图2.14）。

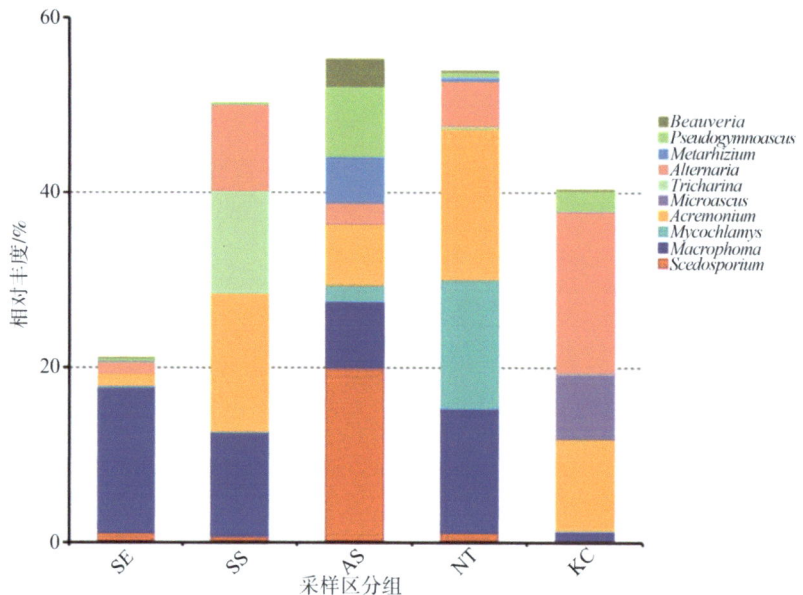

图 2.13　5 种盐生植物根际土壤样品真菌类群属水平分布图（前 10）

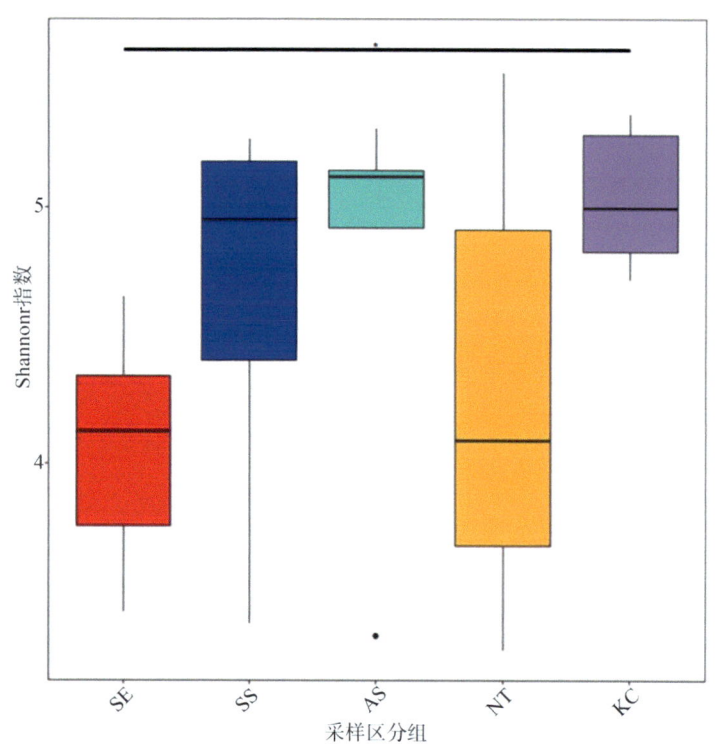

图 2.14　根际土壤样品组间细菌 Shannon 多样性指数

盐角草（SE）和盐地碱蓬（SS）之间有两个真菌门，壶菌门（Chytridiomycota）和球囊菌门（Glomeromycota）的相对丰度有显著差异（$P < 0.05$）（图2.15）。盐角草（SE）和芨芨草（AS）之间有三个真菌门，子囊菌门（Ascomycota）、壶菌门（Chytridiomycota）和罗兹菌门（Rozellomycota）的相对丰度有显著差异（$P < 0.05$）（图2.16）。盐角草（SE）和尖叶盐爪爪（KC）之间有一个真菌门，壶菌门（Chytridiomycota）的相对丰度有显著差异（$P < 0.05$）（图2.17）。盐角草（SE）和唐古特白刺（NT）之间有两个门，壶菌门（Chytridiomycota）和子囊菌门（Ascomycota）的相对丰度有显著差异（$P < 0.05$）（图2.18）。盐地碱蓬（SS）和芨芨草（AS）之间有两个真菌门，球囊菌门（Glomeromycota）和罗兹菌门（Rozellomycota）的相对丰度有显著差异（$P < 0.05$）（图2.19）。盐地碱蓬（SS）和尖叶盐爪爪（KC）之间有一个真菌门，球囊菌门（Glomeromycota）的相对丰度有显著差异（$P < 0.05$）（图2.20）。盐地碱蓬（SS）和唐古特白刺（NT）之间有两个真菌门，球囊菌门（Glomeromycota）和罗兹菌门（Rozellomycota）的相对丰度有显著差异（$P < 0.05$）（图2.21）。

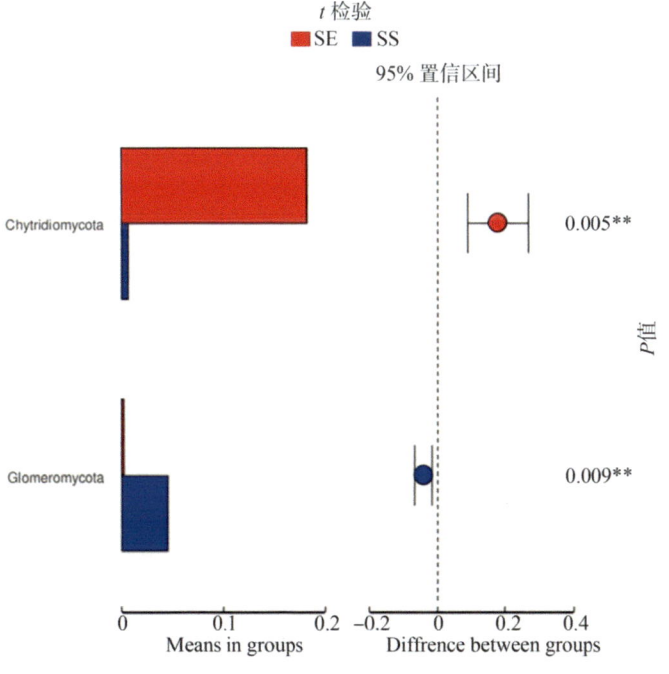

图 2.15　盐角草和盐地碱蓬根际土壤真菌群落结构比较（门）

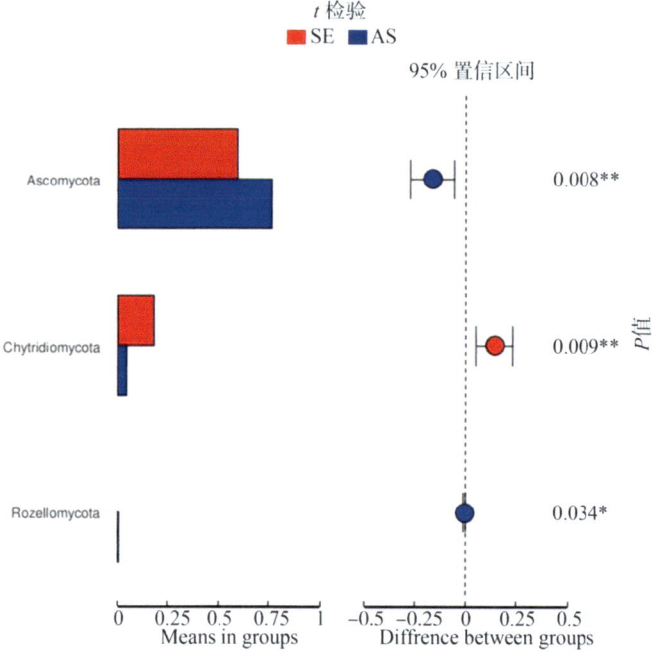

图 2.16　盐角草和芨芨草根际土壤真菌群落结构比较（门）

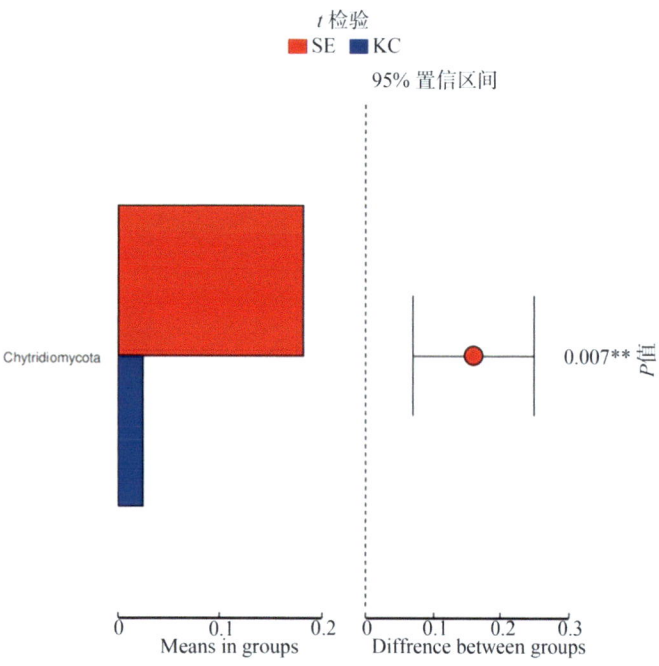

图 2.17　盐角草和尖叶盐爪爪根际土壤真菌群落结构比较（门）

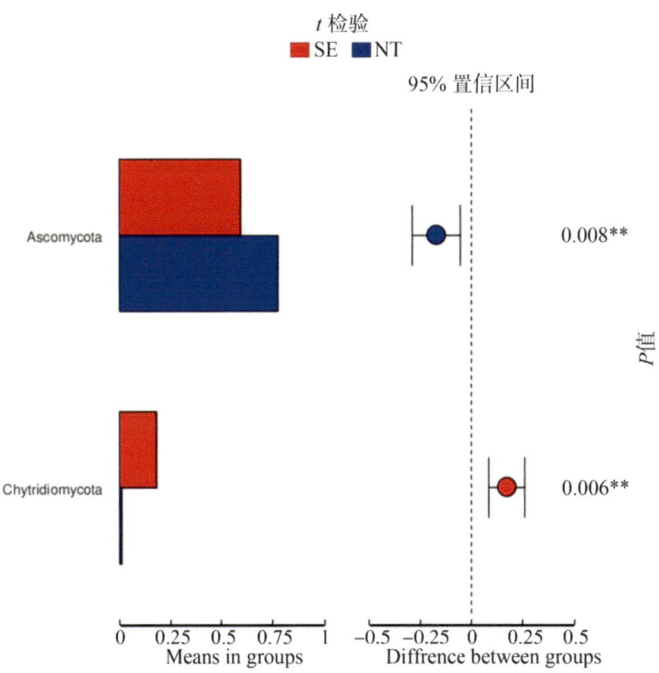

图 2.18 盐角草和唐古特白刺根际土壤真菌群落结构比较（门）

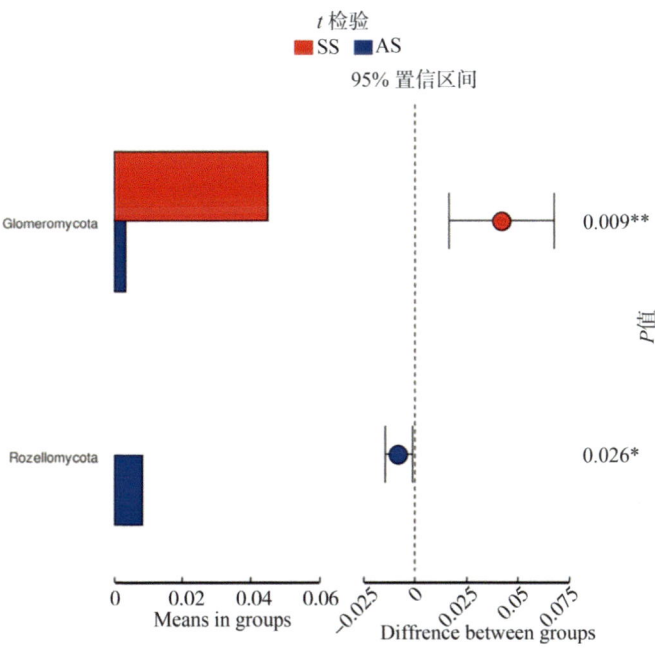

图 2.19 盐地碱蓬和芨芨草根际土壤真菌群落结构比较（门）

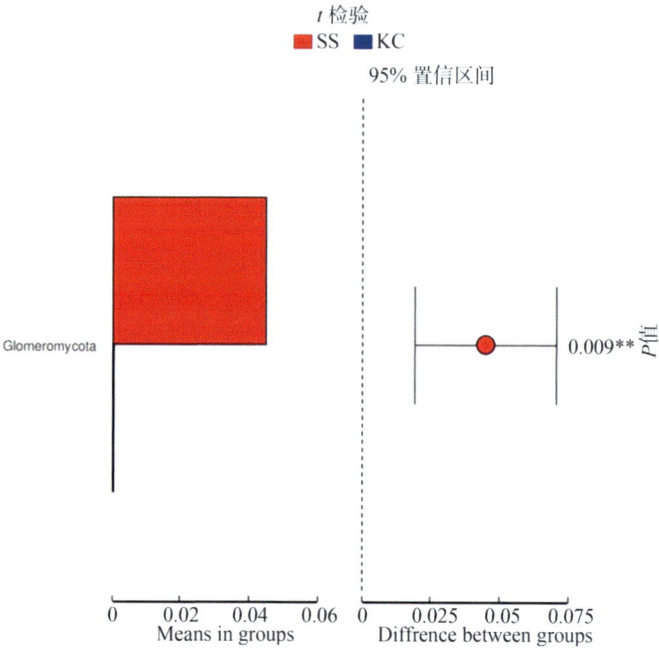

图 2.20　盐地碱蓬和尖叶盐爪爪根际土壤真菌群落结构比较（门）

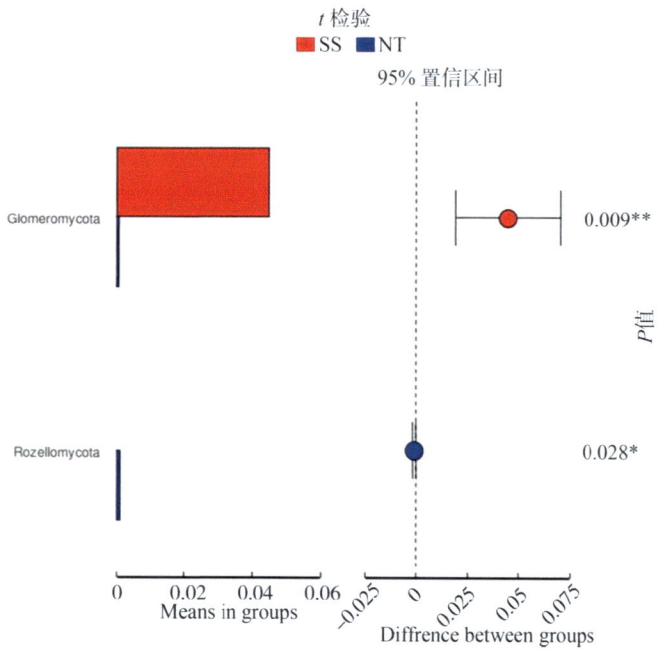

图 2.21　盐地碱蓬和唐古特白刺根际土壤真菌群落结构比较（门）

盐角草（SE）和盐地碱蓬（SS）之间有7个真菌属，枝顶孢属（*Acremonium*）、链格孢属（*Altemaria*）、*Parengyodontium*属、虫草属（*Cordyceps*）、织球壳属（*Plectosphaerella*）、管柄囊霉属（*Funneliformis*）、*Gibellulopsis*属的相对丰度有显著差异（$P < 0.05$）（图2.22）。盐角草（SE）和芨芨草（AS）之间有两个真菌属，枝顶孢属（*Acremonium*）、拟长毛盘菌属（*Trichophaeapsis*）的相对丰度有显著差异（$P < 0.05$）（图2.23）。盐角草（SE）和唐古特白刺（NT）之间有5个真菌属，白僵菌属（*Beauveria*）、绿僵菌属（*Metarhizium*）、拟长毛盘菌属（*Trichophaeapsis*）、虫草属（*Cordyceps*）、赤霉属（*Gibberella*）的相对丰度有显著差异（$P < 0.05$）（图2.24）。盐角草（SE）和尖叶盐爪爪（KC）之间有6个真菌属，大茎点霉属（*Macrophoma*）、枝顶孢属（*Acremonium*）、链格孢属（*Alternaria*）、*Parengyodontium*属、拟长毛盘菌属（*Trichophaeapsis*）、虫草属（*Cordyceps*）的相对丰度有显著差异（$P < 0.05$）（图2.25）。盐地碱蓬（SS）和芨芨草（AS）之间有5个真菌属，枝顶孢属（*Acremonium*）、链格孢属（*Alternaria*）、织球壳属（*Plectosphaerella*）、管柄囊霉属（*Funneliformis*）、*Gibellulopsis*属的相对丰度有显著差异（$P < 0.05$）（图2.26）。盐地碱蓬（SS）和尖叶盐爪爪（KC）之间有6个真菌属，链格孢属（*Alternaria*）、*Parengyodontium*属、织球壳属（*Plectosphaerella*）、管柄囊霉属（*Funneliformis*）、*Gibellulopsis*属、*Neocamarosporium*属的相对丰度有显著差异（$P < 0.05$）（图2.27）。盐地碱蓬（SS）和唐古特白刺（NT）之间有8个真菌属，绿僵菌属（*Metarhizium*）、假裸囊菌属（*Pseudogymnoascus*）、白僵菌属（*Beauveria*）、*Lecanicillium*属、*Gibellulopsis*属、赤霉属（*Gibberella*）、管柄囊霉属（*Funneliformis*）、织球壳属（*Plectosphaerella*）的相对丰度有显著差异（$P < 0.05$）（图2.28）。

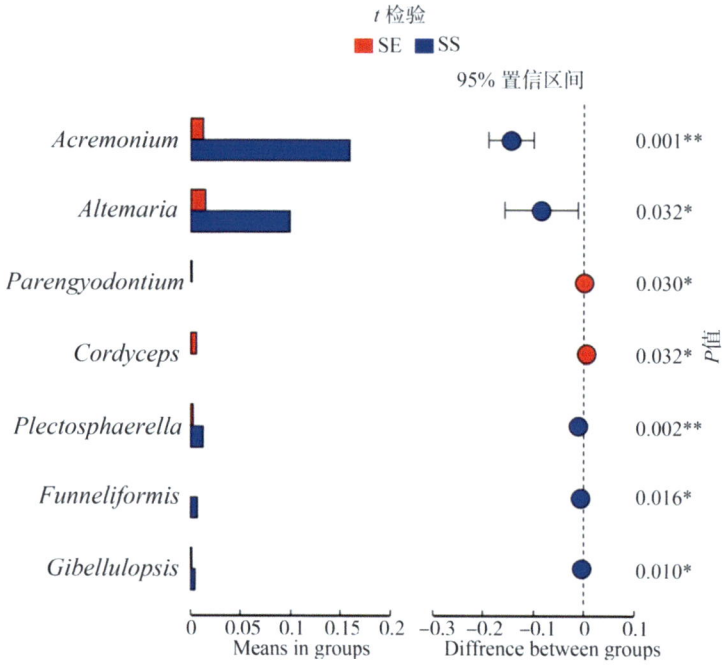

图 2.22　盐角草和盐地碱蓬根际土壤真菌群落结构比较（属）

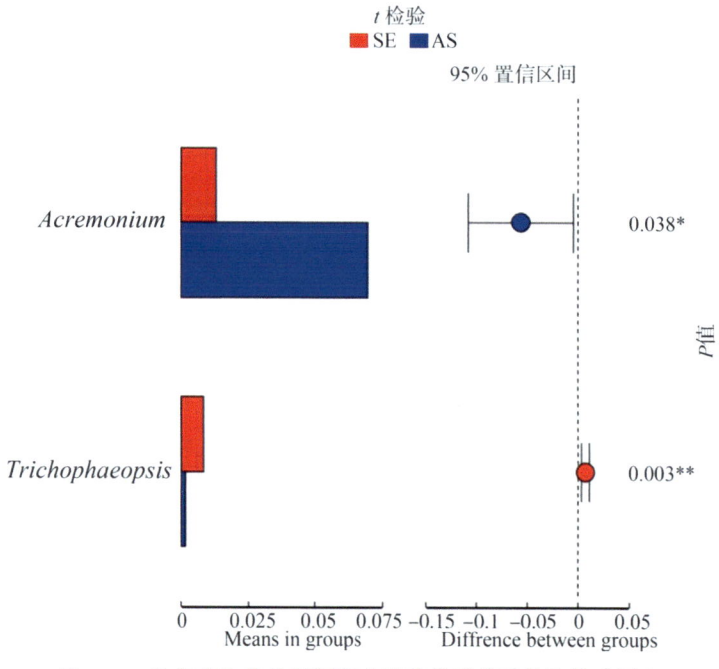

图 2.23　盐角草和茇茇草根际土壤真菌群落结构比较（属）

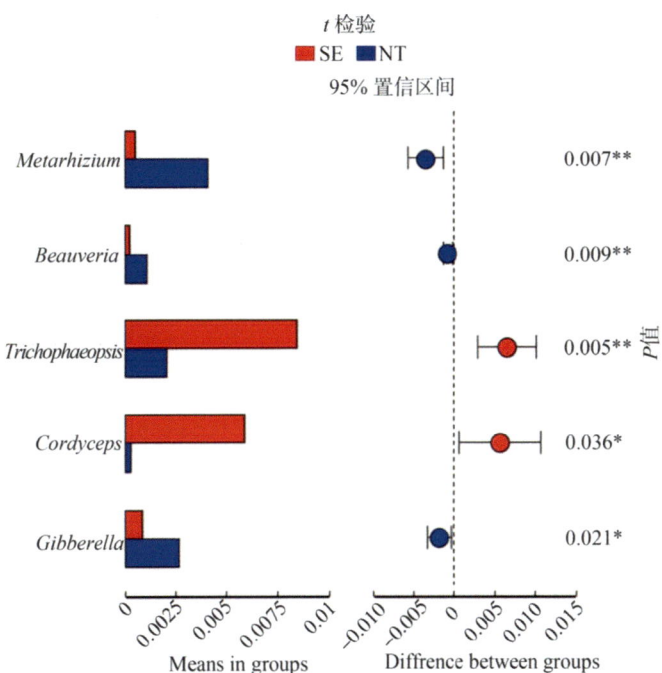

图 2.24　盐角草和唐古特白刺根际土壤真菌群落结构比较（属）

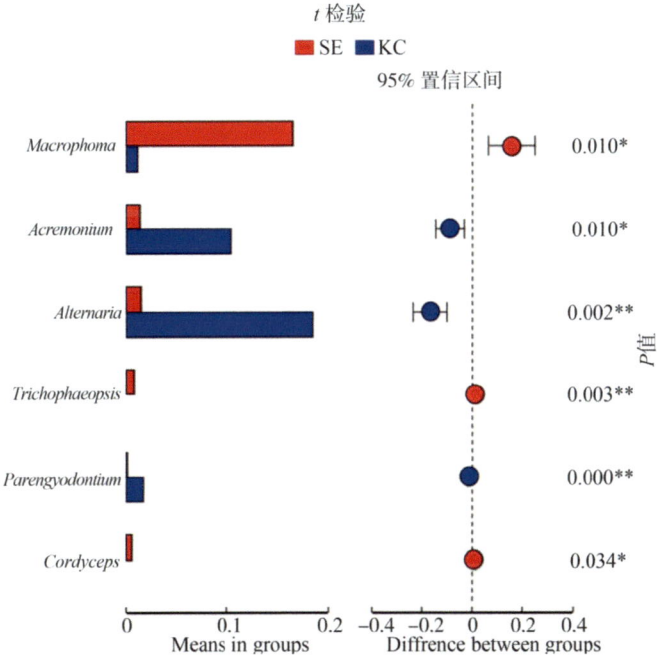

图 2.25　盐角草和尖叶盐爪爪根际土壤真菌群落结构比较（属）

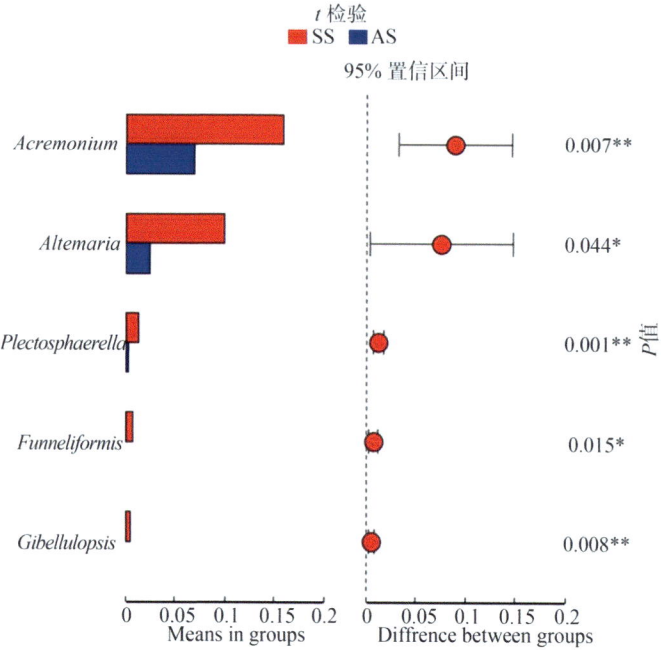

图 2.26 盐地碱蓬和芨芨草根际土壤真菌群落结构比较（属）

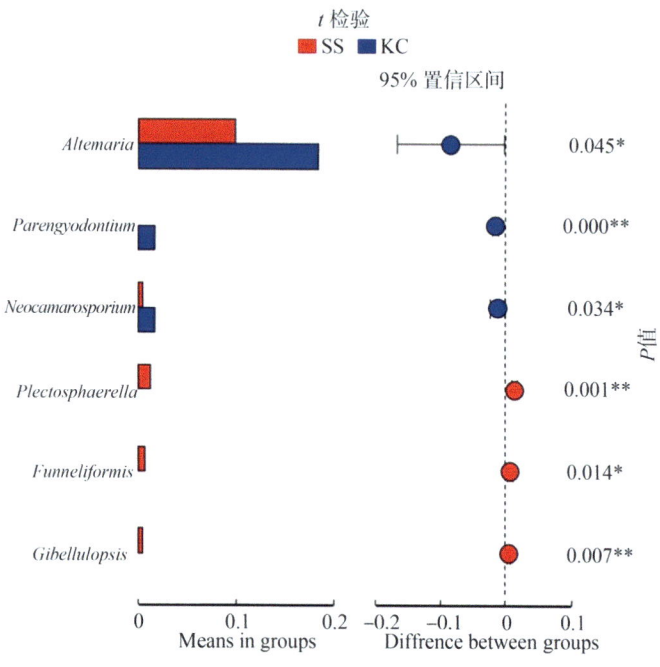

图 2.27 盐地碱蓬和尖叶盐爪爪根际土壤真菌群落结构比较（属）

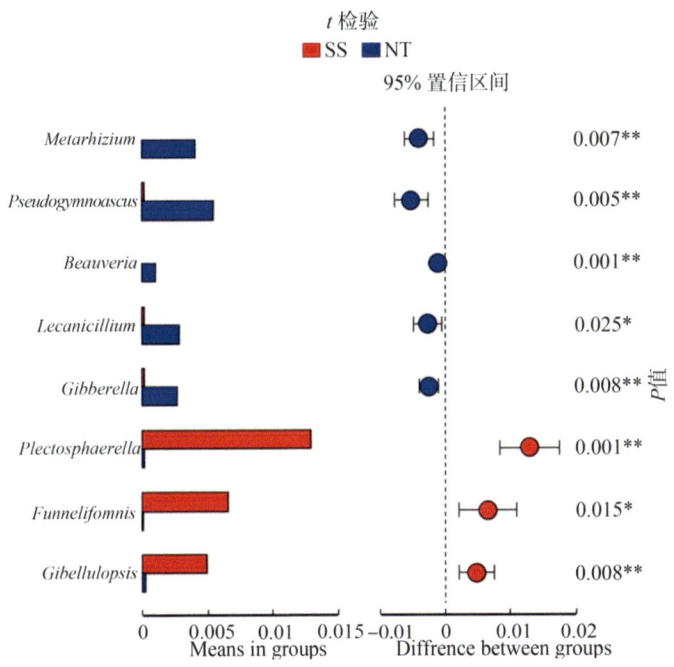

图2.28 盐地碱蓬和唐古特白刺根际土壤真菌群落结构比较（属）

基于真菌的物种分类，通过FUNGuild数据库进行土壤真菌功能注释。如图2.29所示，主要盐生植物根际土壤真菌群落主要由3类营养型和6类互有交叉营养型功能菌群组成。动物病原菌-内生真菌-真菌寄生菌（Animal_Pathogen-Clavicipitaceous_Endophyte-Fungal_Parasite）、未定义真菌（Unassigned）、未定义的腐生真菌（Undefind_Saprotroph）、植物病原菌（Plant_Pathogen）、腐生菌（Undefined_Saprotroph）、动物病原菌（Animal_Pathogen）、动物病原菌-土壤腐生菌（Animal_Pathogen-Soil_Saprotrop）、动物病原菌-内生真菌-真菌寄生菌-植物病原菌-木材腐生菌（Animal_Pathogen-Endophyte-Fungal_Parasite-Plant_Pathogen-Wood_Saprotroph）、粪腐菌-土壤腐生菌-木材腐生菌（Dung_Saprotroph-Soil_Saprotroph-Wood_Saprotroph）、动物病原菌-内生真菌-寄生性真菌-植物病原菌-木材腐生菌（Animal Pathogen-Endophyte-Fungal Parasite-Plant Pathogen-Wood Saprotroph）、丛枝菌根真菌（Arbuscular_Mycorrhizal）。5种主要盐生植物根际土壤前10属中未定义真菌属占25%以上，其中紧靠盐湖边缘盐角

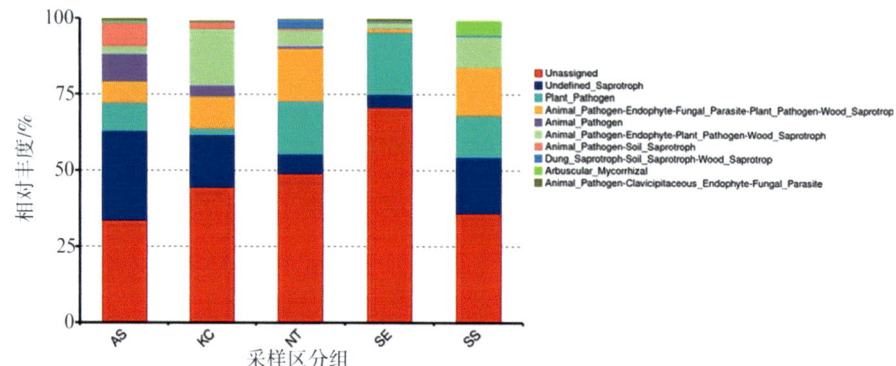

图 2.29 5 种盐生植物根际土壤真菌群落功能菌群相对丰度

草根际土壤未定义真菌约占 75%，未定义腐生真菌占比也较高。5 种盐生植物根际土壤真菌群落以植物病原菌、动物病原菌 – 内生真菌 – 寄生性真菌 – 植物病原菌 – 木材腐生菌、动物病原菌 – 内生真菌 – 真菌寄生菌 – 植物病原菌 – 木材腐生菌占主导优势。丛枝菌根真菌丰度分别为 SE（0.24%）、SS（4.51%）、AS（0.32%）、NT（0.08%）及 KC（0.04%）。根据根际土壤真菌相对丰度功能热图，盐地碱蓬（SS）、尖叶盐爪爪（KC）、唐古特白刺（NT）、盐角草（SE）、芨芨草（AS）根际土壤中真菌生态功能富集度最高分别为丛枝菌根真菌、动物病原菌 – 内生真菌 – 真菌寄生菌 – 植物病原菌 – 木材腐生菌、粪腐菌 – 土壤腐生菌 – 木材腐生菌、未定义真菌、动物病原菌 + 土壤腐生菌 + 动物病原菌（图 2.30）。

基于 Bray-Curtis 建立 5 种盐生植物根际土壤样品间的非相似矩阵，利用非度量多维尺度分析（NMDS）5 种盐生植物根际土壤样品细菌群落结构组成的差异性。盐角草（SE）、盐地碱蓬（SS）、尖叶盐爪爪（KC）根际土壤样品的距离最远，表明其根际土壤细菌群落结构差异程度大；芨芨草（AS）和唐古特白刺（NT）根际土壤样品的距离最近，表明其根际土壤细菌及真菌群落结构最相似。Stress 值为 0.139（小于 0.2），说明 NMDS 分析可以准确反映样品间的差异程度。NMDS 分析也显示相同结果（图 2.31）。

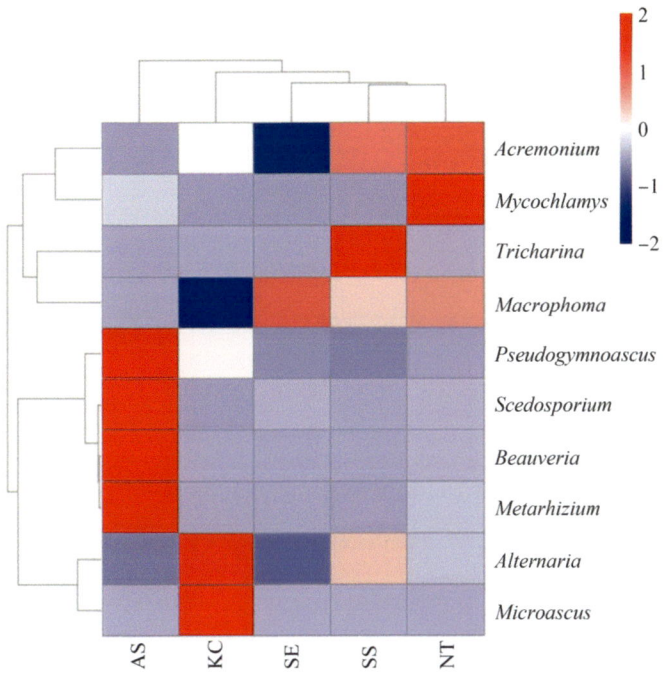

图 2.30　根际土壤样品真菌群落间聚类图（前 10 属）

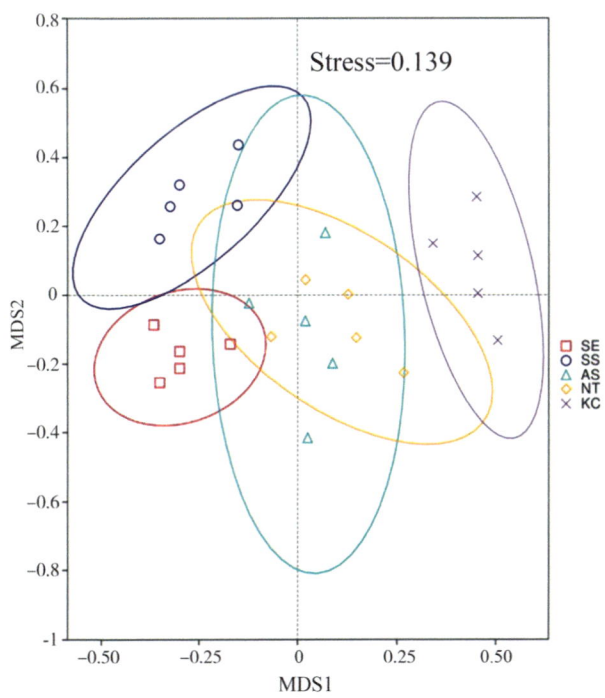

图 2.31　根际土壤样品组间 NMDS 分析

2.4 结论

（1）主要盐生植物根际土壤中主要的优势细菌门为变形菌门（Proteobacteria）、拟杆菌门（Bacteroidota）、放线菌门（Actinobacterota）、弯曲杆菌门（Gemmatimonadota）、Halobacterota；主要盐生植物根际土壤细菌优势菌属为 *Wenzhouxiangella*、*BD2-11_terrestrial_group*、*Halomonas*（盐单胞菌属）。盐生植物根际土壤真菌群落中子囊菌门（Ascomycota）、壶菌门（Chytridiomycota）和担子菌门（Basidiomycota）占绝对优势；优势菌属为 *Wenzhouxiangella*、*BD2-11_terrestrial_group*、*Halomonas*（盐单胞菌属）。盐角草（SE）外围四种盐生植物细菌 Shannon 多样性指数均高于盐角草，其中盐地碱蓬（SS）和尖叶盐爪爪（KC）根际土壤多样性指数显著高于盐角草（$P < 0.05$）。

（2）在门水平上，5种盐生植物根际土壤优势真菌菌群中子囊菌门（Ascomycota）、壶菌门（Chytridiomycota）和担子菌门（Basidiomycota）占绝对优势，其中子囊菌门丰度分别为60%以上；在属水平上，5种盐生植物根际土壤真菌群落前10个真菌属类有大茎点属（*Macrophoma*）、赛多孢菌属（*Scedosporium*）、枝顶孢属（*Acremonium*）、链格孢属（*Alternaria*）、*Mycochlamys*、小囊菌属（*Microascus*）、盘菌属（*Tricharina*）、绿僵菌（*Metarhizium*）、假裸囊菌属（*Pseudogymnoascus*）及波氏菌属（*Beauveria*）。大茎点属（*Macrophoma*）在盐角草、盐地碱蓬、芨芨草、唐古特白刺根际土壤真菌中丰度较高。盐地碱蓬、芨芨草、唐古特白刺及尖叶盐爪爪4种盐生植物根际土壤 Shannon 多样性指数无显著差异，盐生灌木尖叶盐爪爪（KC）Shannon 多样性指数均高于其他4种盐生植物，其中，尖叶盐爪爪和盐角草 Shannon 多样性指数有显著差异（$P < 0.05$）；主要盐生植物根际土壤真菌群落主要由3类营养型和6类互有交叉营养型功能菌群组成。5种盐生植物根际土壤真菌群落以植物病原菌、动物病原菌－内生真菌－寄生性真菌－植物病原菌－木材腐生菌、动物病原菌－内生真菌－真菌寄生菌－植物病原菌－木材腐生菌占主导优势。

3 盐碱湿地土壤扰动对土壤微生物多样性影响

随着经济快速发展，资源开发力度加大，给蒙古高原生态环境带来新的冲击。抗逆性盐生牧草是内蒙古干旱半干旱区隐域性植物，而由于干旱半干旱草原区时空多变，蒸发量远远大于降水量，一般不易形成径流，物质分布极不均匀。干旱半干旱草原区的盐湖也经历巨大淡水湖逐步缩小为咸水湖的演变，汇集浓缩了大面积土地的物质，干旱半干旱区成为各种物质最为集中的地方。干旱区盐湖周边的砂质盐化壤土元素极其丰富，含有60多种不同的元素。随着干旱半干旱区盐湖开发和全球气候温暖化严重影响盐生牧草资源赖以生存的生态环境。在1987—2010年的23年里，内蒙古草原的湖泊由427个减少到282个，减少了145个，占内蒙古总湖泊数的34%。由于稳定生境逐年消失，湖岸盐化土壤退化，使盐生植物群落处于濒临灭绝的境地。本研究通过对荒漠地带和半荒漠地带盐碱湿地在人为影响下土壤微生物多样性调查，为合理保护和利用盐碱湿地提供科学依据。

3.1 盐碱地人为干扰对土壤微生物多样性影响

采样区位于内蒙古自治区阿拉善左旗吉兰泰盐池（39.7900 °N，105.6983 °E），乌兰布和沙漠东南边缘，地势东南高、西北低，是我国典型的干旱荒漠地带盐湖。吉兰泰盐湖北部位于乌兰布和、腾格里和亚玛雷克三大沙漠交界地。该地区位于季风与非季风过渡区，属于温带大陆性季风气候，降水量少且集中，一般主要集中在7—9月，春季风大沙多，风向以西北风为主，夏季日照强烈且日照时间长，因此蒸发特别强烈，冬季寒冷，气候干燥，最冷月平均气温

−10.0℃，四季分明，昼夜温差大。该区域植被以耐旱耐盐碱的盐生灌木、半灌木等荒漠植被为主，主要分布在湖盆洼地、干河床、干河滩等地方，植被覆盖度低。吉兰泰盐池藜科植物占优势，优势植物有盐角草、灰绿碱蓬、茄叶碱蓬、马蔺、黄毛头、细枝盐爪爪、着叶盐爪爪、唐古特白刺等（表3.1）。

表3.1 吉兰泰盐池周边植物群落

植物	科名
芦苇 Phragmites austalis	禾本科
盐角草 Salicornia europaea	藜科
灰绿碱蓬 Suaeda glauca	藜科
茄叶碱蓬 Suaeda przewalskii Bunge	藜科
马蔺 Iris lactea Pall	鸢尾科
黄毛头 Kalidium sinicum	藜科
细枝盐爪爪 Kalidium gracile	藜科
着叶盐爪爪 Kalidium foliatum	藜科
唐古特白刺 Nitraria tanggutorum	蒺藜科
荒漠梭梭荒漠 Haloxyln ammodendron	藜科

样品采集：选取3个不同扰动类型样地（图3.1），分别为：典型盐碱湿地（JSE）、退化盐碱地（JYD）、盐碱裸地（JLD），在每个样地内各设置5个1 m×1 m样方，每个样方内进行土壤采样，设立5个采样点取混合土样，每处获得5组平行样品。分别在样方4个角和中心采集0～20 cm的土层，重复取样5次各层土样均匀混合后，一部分使用5 mL离心管放置并保存于液氮罐中，用于根际细菌群落测定，另一部分装入密封袋中带回实验室，经自然风干处理后过筛（2 mm）；一类土样保存在−20℃冰箱用于微生物测序分析（保存时间为72 h），另一类土样风干保存以用作土壤理化性质测定。土壤样品送至北京诺禾致源生物科技有限公司进行16S和ITS扩增子测序。

图3.1 吉兰泰盐池各采样点景观

图 3.2A 所示（细菌），JSE、JYD 和 JLD 土壤样品中共有 253 个 ASV（扩增子序列变体），JSE、JYD 和 JLD 的 ASV 的数分别为 4 805 个、1 741 个、2 449 个。盐碱湿地（JSE）受人为扰动沙化裸化后共有种细菌数量呈减少趋势；如图 3.2B 所示（真菌），JSE、JYD 和 JLD 土壤样品中共有 114 个 ASV，JSE、JYD 和 JLD 的 ASV 的数分别为 778 个、424 个和 1 963 个。盐碱裸地真菌数量最高。

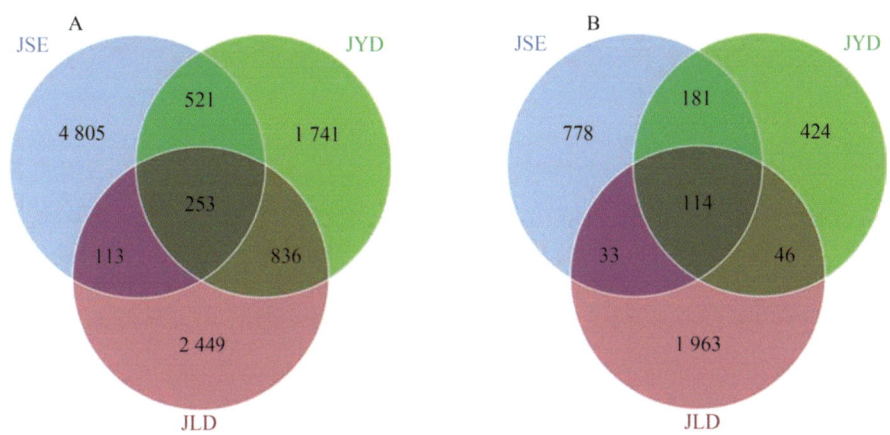

图 3.2　样品 ASV 韦恩图（A：细菌；B：真菌）

如图 3.3A 所示，在各采样区内荒漠区盐湖吉兰泰退化盐碱地（JYD）、典型盐碱湿地（JSE）和盐碱裸地（JLD）土壤中前 10 属细菌丰度分别为 28.1%、10.0% 和 9.4%，其中退化盐碱地（JYD）土壤细菌丰度最高。退化盐碱地（JYD）细菌优势属为 *Halolamin*（6.5%）、*Halapricum*（4.7%）、*Halobacterium*（3.3%）、*Natronomonas*（3.7%）、*Halomonas*（2%）、*Candidatus_Halobonum*（2.9%）、*Halorussus*（2.7%），典型盐碱湿地（JSE）细菌优势属为 *Halomonas*（5.3）、*Halorubrum*（3%），盐碱裸地（JLD）细菌优势属为 *Natronomonas*（2.4%）、*Bacteroides*（2%）。如图 3.3B 所示，退化盐碱地（JYD）、典型盐碱湿地（JSE）和盐碱裸地（JLD）土壤中前 10 属真菌丰度分别为 80.7%、64.3% 和 56.26%，其中退化盐碱地（JYD）土壤真菌丰度最高。退化盐碱地（JYD）真菌优势属为 *Alternaria*（41.5%）、*Neocamarosporium*（18.4%）、*Cladosporium*（10.3%），典型盐碱湿地（JSE）真菌优势属为 *Alternaria*（21.6%）、*Cladosporium*（16.8%）、*Papiliotrema*（10.5%）、

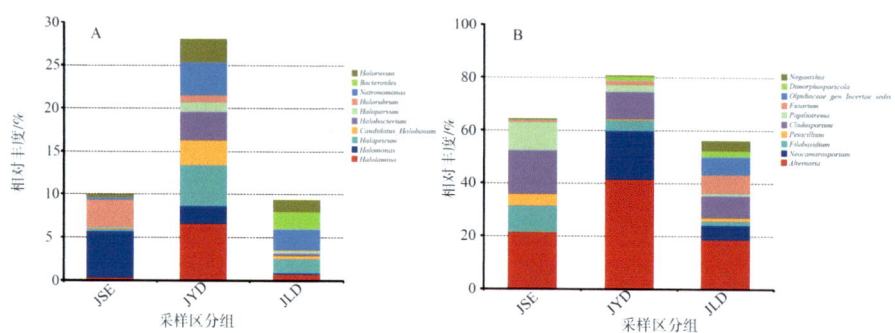

图 3.3 土壤样品细菌类群属（A）和真菌类群属（B）水平分布图（前10属）

Filobasidium（9.7%），盐碱裸地（JLD）细菌优势属为 Alternaria（18.6%）、Neocamarosporium（5.6%）、Cladosporium（8.4%）、Fusarium（6.7%）、Olpidiaceae_gen_Incertae_sedis（6.9%）。荒漠地带吉兰泰退化盐碱地（JYD）细菌及真菌丰富度最高，典型盐碱湿地（JSE）向退化盐碱地（JYD）变化时，Halolamin 丰度增加；退化盐碱地（JYD）裸地化后，Halolamin 和 Halomonas 逐渐消失，Natronomonas 和 Bacteroides 优势度增加；退化盐碱地（JYD）、典型盐碱湿地（JSE）和盐碱裸地（JLD）中真菌 Alternaria 都占有绝对优势，典型盐碱湿地（JSE）向退化盐碱地（JYD）和盐碱裸地（JLD）变化使真菌 Neocamarosporium 丰度升高。

Chao1 指数反映土壤细菌群落及真菌群落丰度指数。吉兰泰盐典型碱湿地（JSE）土壤细菌 Chao1 指数最高，和吉兰泰退化盐碱地（JYD）及盐碱裸地（JLD）有极显著差异，退化盐碱地（JYD）和盐碱裸地（JLD）无显著差异；典型盐碱湿地（JSE）、退化盐碱地（JYD）及盐碱裸地（JLD）间真菌群落丰度无显著差异（图 3.4）。

Shannon 指数反映土壤细菌群落及真菌群落丰富度，也没反映物种分布均匀度。荒漠区吉兰泰典型盐碱湿地（JSE）土壤细菌群落的 Shannon 指数显著高于退化盐碱地（JYD）及盐碱裸地（JLD）；盐碱裸地（JLD）和典型盐碱湿地（JSE）土壤真菌群落的 Shannon 指数无显著差异，盐碱裸地（JLD）和退化盐碱地（JYD）土壤真菌的 Shannon 指数差异显著（图 3.5）。

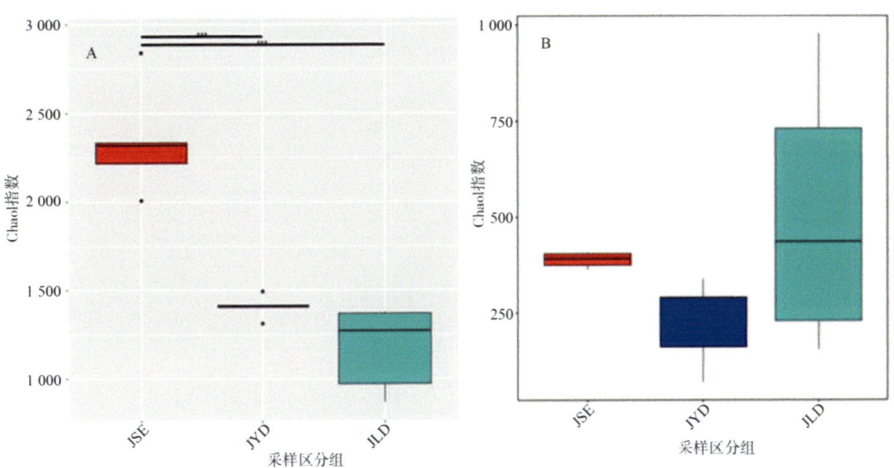

图3.4 土壤样品组间细菌菌群丰富度（A）和真菌菌群丰富度（B）

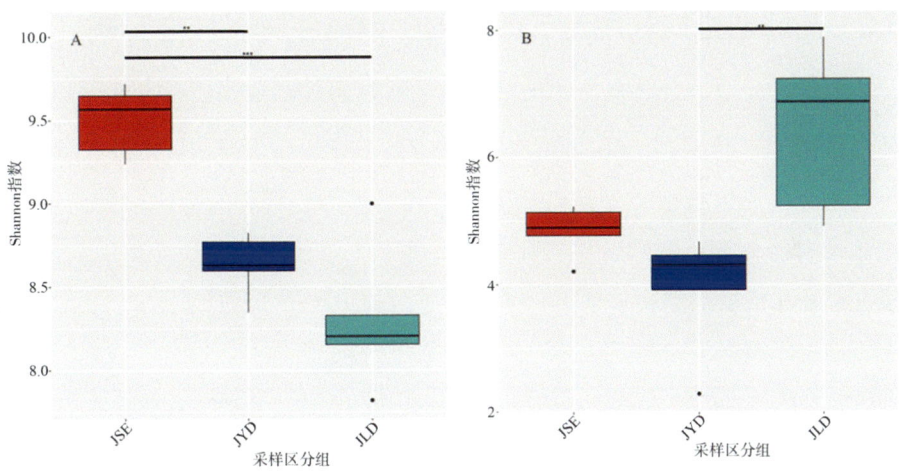

图3.5 土壤样品组间细菌菌群（A）和真菌菌群（B）多样性指数

基于 Bray-Curtis 建立土壤样品间的非相似矩阵，利用非度量多维尺度分析（NMDS）人为干扰对土壤样品细菌和真菌群落结构组成的影响差异性。JSE、JYD 和 JLD 细菌群落差异较大；JSE 和 JYD 真菌群落相似，JSE、JYD 和 JLD 真菌群落差异较大。Stress 值均小于 0.2，说明 NMDS 分析可以准确反映样品间的细菌及真菌差异程度（图3.6）。

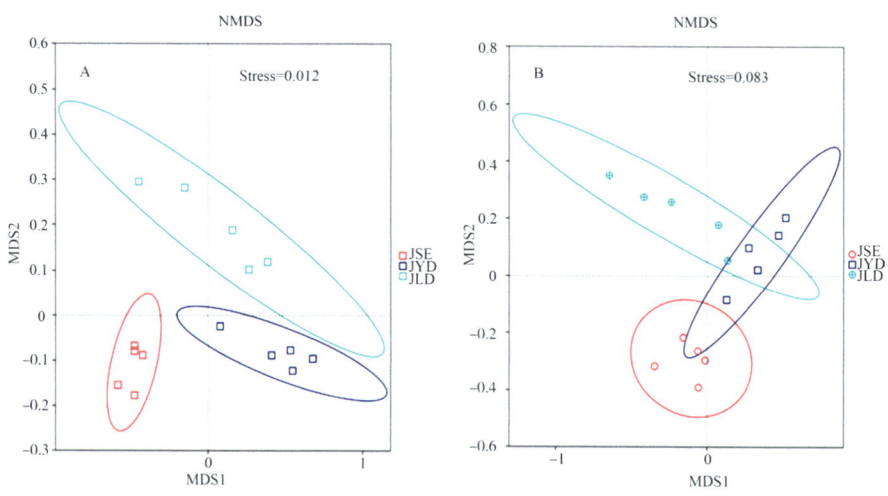

图 3.6　土壤样品组间 NMDS 分析（A：细菌；B：真菌）

3.2　盐碱地土地利用方式改变对土壤微生物多样性影响

研究区概况：试验地位于内蒙古自治区乌拉特前旗乌梁素海盐碱湿地，是半荒漠地带盐碱湖（40.8060 °N，108.7427 °E），土壤类型为石灰性草甸盐碱土；湖周边植被类型是以盐生草本和灌木为建群种的盐化草甸，主要优势种有盐角草、灰绿碱蓬、寸草薹、碱茅、芨芨草、披针叶黄华、苦豆子、尖叶盐爪爪、细枝盐爪爪、西伯利亚白刺、芦苇（表 3.2）。

表 3.2　乌梁素海周边植物群落

植物	科名
芦苇 Phragmites australis	禾本科
盐角草 Salicornia europaea	藜科
灰绿碱蓬 Suaeda glauca	藜科
寸草薹 Carex duriuscula	莎草科
碱茅 Puccinellia distans	禾本科
风毛菊 + 西伯利亚蓼 Saussurea amara + Palyeonum sibiricum	菊科 + 蓼科
芨芨草 Achnatherum splendens	禾本科
披针叶黄华 Thermpsis lanceolata	豆科
苦豆子 Sophora alopecuroides	豆科
尖叶盐爪爪 Kalidium cuspidatum	藜科
细枝盐爪爪 Kalidium gracile	藜科
西伯利亚白刺 Nitraria sibirica	蒺藜科
唐古特白刺 Nitraria tangutorum	蒺藜科
砂质荒漠草原中间锦鸡儿砂质荒漠 Caragana intermedia	豆科

3 盐碱湿地土壤扰动对土壤微生物多样性影响

样品采集：选取4个不同土地利用类型样地（图3.7），分别为：盐碱湿地（WSE）、典型盐碱地（WYD）、盐碱农田（WND）、盐碱沙地（WSD），在每个样地内各设置5个1 m×1 m样方，每个样方内进行土壤采样，设立5个采样点取混合土样，每处获得5组平行样品。分别在样方4个角和中心采集0~20 cm的土层，重复取样5次各层土样均匀混合后，一部分使用5 mL离心管放置并保存于液氮罐中，用于根际细菌群落测定，另一部分装入密封袋中带回实验室，经自然风干处理后过筛（2 mm）；一类土样保存在−20℃冰箱用于微生物测序分析（保存时间为72 h），另一类土样风干保存以用作土壤理化性质测定。土壤样品送至北京诺禾致源生物科技有限公司进行16S和ITS扩增子测序。

图3.7　乌梁素海各采样点景观

如图3.8A所示（细菌），WSE、WYD、WND和WSD土壤样品中共有39个ASV，WSE、WND、WSD和WYD的ASV的数分别为5 592个、5 511个、7 162个和5 799个。WYD开垦成WND后细菌共有种数量少于WSD和WSE；如图3.8B所示（真菌），WSE、WYD、WND和WSD土壤样品中共有36个ASV，WSE、WND、WSD和WYD的ASV的数分别为837个、835个、

1 330 个和 592 个。WYD 开垦成 WND 后真菌共有种数量少于 WSD 和 WSE。

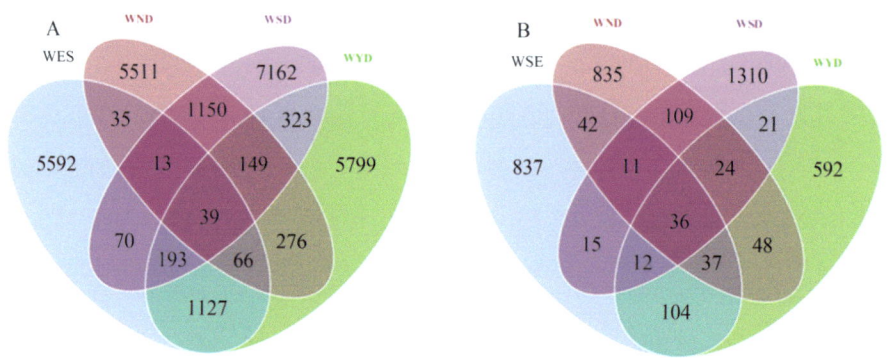

图 3.8　样品 ASV 韦恩图（A：细菌；B：真菌）

如图 3.9A 所示，乌梁素海 WYD 土壤细菌丰度最高，优势属为盐单胞菌属（*Halomonas*）、经黏液真杆菌属（*Blautia*）、鞘氨醇单胞菌属（*Sphingomonas*）和 *Monoglobus*。当 WYD 开垦为 WND 和沙化后，盐单胞菌属（*Halomonas*）、经黏液真杆菌属（*Blautia*）消失，鞘氨醇单胞菌属（*Sphingomonas*）和 *RB41* 属成为优势属，WYD 盐渍化后，盐单胞菌属（*Halomonas*）优势增加。如图 3.9B 所示，WYD 和 WND 土壤真菌丰度较高，在 4 个采样地中链格孢菌（*Alternaria*）成为主要优势属，WYD 优势属为链格孢菌属（*Alternaria*）、*GSB_gen_lncertae_sedis* 和 *Apiosordaria*，当 WYD 农田化和沙化后镰刀菌属（*Fusarium*）丰度增加。

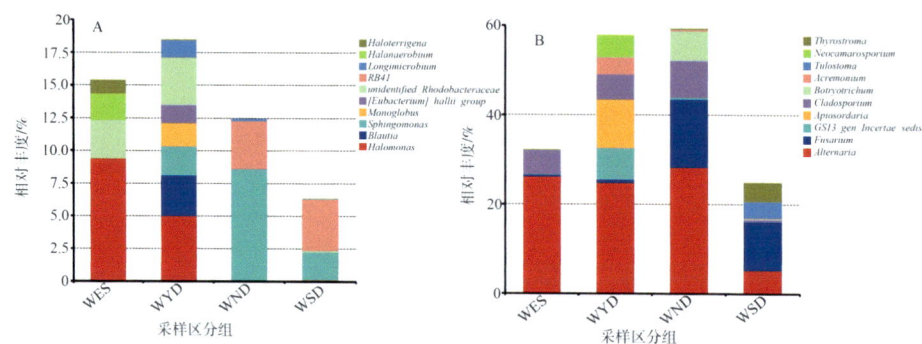

图 3.9　土壤样品细菌类群属（A）和真菌类群属（B）水平分布图（前 10）

Chao1 指数反映细菌群落及真菌群落丰度指数，WYD 土壤细菌 Chao1

指数最高，但和 WSE、WND 及 WSD 间无显著差异；WSD 真菌群落丰度显著高于 WSE、WYD 及 WND（图 3.10）。

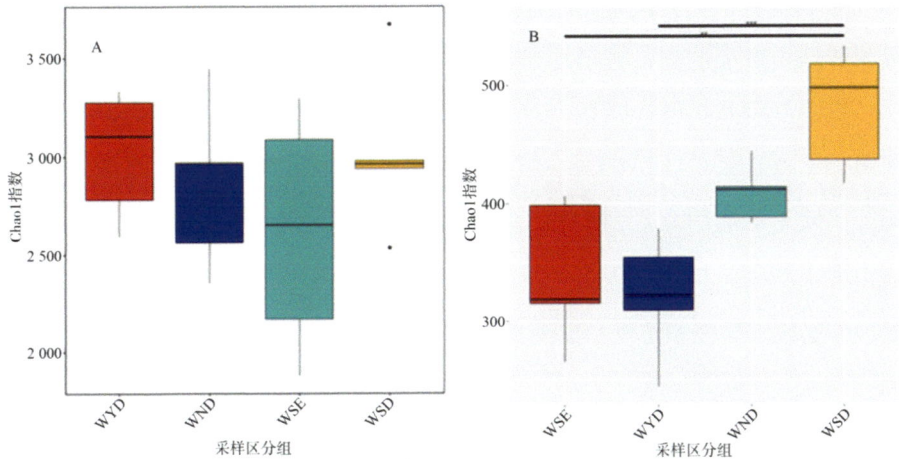

图 3.10　土壤样品组间细菌菌群丰富度（A）和真菌菌群丰富度（B）

基于 Bray-Curtis 建立土壤样品间的非相似矩阵，利用非度量多维尺度分析（NMDS）不同土地利用类型土壤样品细菌和真菌群落结构组成的差异性。WND 和 WSD，WYD 和 WSE 细菌群落相似；WSE 和 WND，WYD，WSD 的真菌群落结构差异较大，Stress 值均小于 0.2，说明 NMDS 分析可以准确反映样品间的细菌及真菌差异程度（图 3.11）。

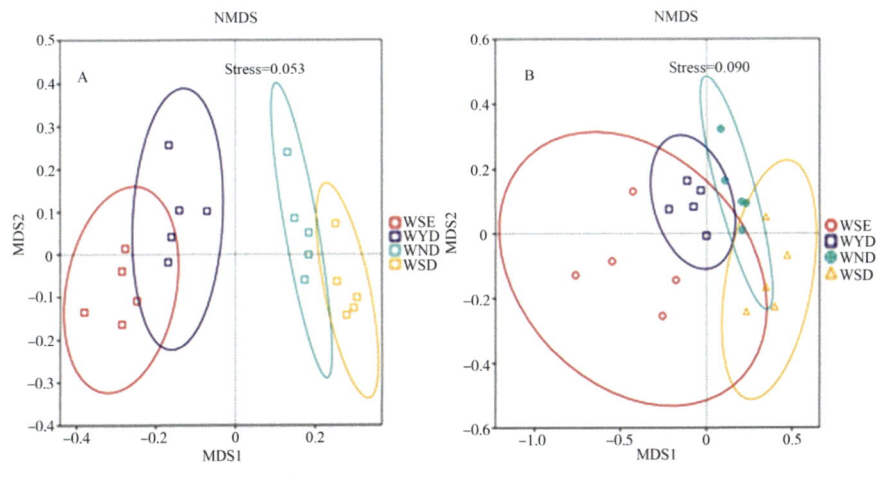

图 3.11　土壤样品组间 NMDS 分析（A：细菌；B：真菌）

3.3 结论

由于人为干扰荒漠地带典型盐碱地,使其生境发生改变时,细菌及真菌菌群结构发生改变,荒漠地带典型盐碱地细菌丰度及多样性指数显著降低,真菌丰度和多样性指数升高。半荒漠地带盐碱地开垦利用会影响土壤细菌丰度及真菌群落结构;土壤细菌多样性降低,沙地真菌多样性显著增加。不同土地利用方式会改变土壤微生物群落结构与物种多样性。由于土壤中细菌和真菌在土壤生态系统中发挥重要作用,细菌在数量和多样性上占优势,盐碱地细菌多样性改变会间接影响盐碱地土壤生态系统功能。

4 盐碱地改良剂对土壤化学性质及微生物群落的影响

盐碱地改良与开发是一项复杂而重要的任务，对于提高土地利用率、保证粮食安全及生态环境的改善具有深远的意义。国内已有多个机构开展盐碱地治理研究。2022年5月，国家盐碱地综合利用技术创新中心正式揭牌成立。该中心由湖南杂交水稻研究中心牵头建设，是目前国内最系统化的耐盐碱种质开发机构，目前已累计审定耐盐碱水稻品种8个。该中心聚焦黄河三角洲滨海盐碱地的治理，并制定了未来详细的发展规划。这对加速全国盐碱地综合利用技术创新具有重要意义。盐碱地治理技术是推进盐碱地综合改造利用的基础，聚焦当前农业发展、耕地保护、生态文明等多元目标要求，需要进一步强化科技支撑，提升技术集成与融合程度，降低治理成本，构建科学且可推广的技术模式。盐碱地治理难题的有效解决，可为我国的粮食安全、生态文明建设和可持续发展作出积极贡献。

4.1 样地概况及研究方法

2023年5—10月，在鄂尔多斯市杭锦旗伊和乌素苏木盐碱地改良中心，采用不同改良剂单一施用和混合施用等7种处理方式进行田间试验。试验地位于亿丰源农牧有限责任公司的高标准农田区域，该区域土壤呈现轻度至中度盐碱化。首先对试验区盐碱土地的本底土壤进行取样，测定其土壤养分，之后在土壤表层覆盖10 cm沙子旋耕混合处理后，进行向日葵种植，试验地上进行机器覆膜，同日播种向日葵（点播），播后进行滴灌，每次灌水定额为

180 m³/hm²。试验样地与对照样地正常施用底肥（复合肥料，每亩施 25 kg），在其他时期根据生长情况进行 6 次追肥（每隔 20 d 追施一次尿素、磷酸二铵），不同处理小区中生物炭和生物菌肥剂撒施施肥，重构液以滴灌方式施肥。

试验采用随机区组设计，设 8 个处理，不施改良剂盐碱地（CK）、G1（重构液）、G2（生物炭）、G3（重构液+生物炭）、G4（生物菌肥）、G5（重构液+生物菌肥）、G6（生物菌肥+生物炭）、G7（生物菌肥+生物炭+重构液），每个处理 3 个重复，共 24 个小区（图 4.1、表 4.1）。在向日葵生长的收获期（9 月 22 日）分别在 0～5 cm、5～10 cm、10～20 cm、0～20 cm 土层进行土壤样品的采集。所有土壤样本置于冰盒内带回实验室，一部分土壤样品送公司检测，另一部土壤样本风干过筛（2 mm 和 0.15 mm），检测 pH 值、土壤养分和土壤水溶盐离子等常规指标。

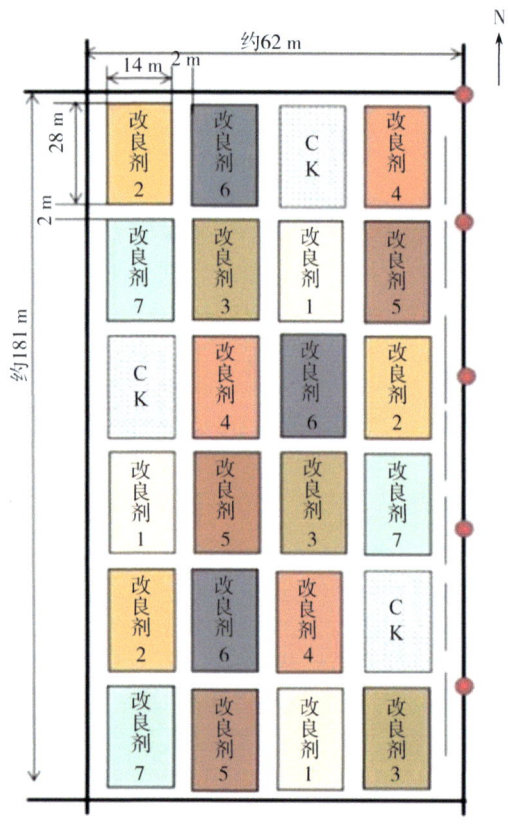

图 4.1　试验设计

4 盐碱地改良剂对土壤化学性质及微生物群落的影响

表 4.1 试验处理

处理	内容	改良剂每亩使用量
CK	不施改良剂（对照）	—
G1	重构液	改良剂 1：30 kg 稀释 500 倍
G2	生物炭	改良剂 2：1 500 kg
G3	重构液 + 生物炭	改良剂 3：15 kg+750 kg
G4	生物菌肥（枯草芽孢杆菌）	改良剂 4：270 kg
G5	重构液 + 生物菌肥	改良剂 5：15 kg+135 kg
G6	生物菌肥 + 生物炭	改良剂 6：750 kg+135 kg
G7	生物菌肥 + 生物炭 + 重构液	改良剂 7：500 kg+10 kg+90 kg

试验地概况：试验地位于鄂尔多斯市杭锦旗伊和乌素苏木盐碱地改良中心，该试验区经纬度：106°55′16″E，39°23′22″N，多年平均气温 7.9 ℃，生长期年平均 142 d，无霜期年平均 125 d，最长达 170 d，最短为 90 d。年平均日照时数 3 160 h。

数据处理与统计分析：采用 Microsoft Excel 2019 和 GraphPad Prism 9 进行数据处理和作图，采用 RStudio 制作细菌和真菌在属水平上的丰度图、堆叠图、土壤化学性质与微生物的相关性分析热图。采用 SPSS 26.0 软件进行相关性分析，不同处理之间采用邓肯（Duncan）新复极差法进行差异显著性检验（$P < 0.05$）。不同改良剂对耐盐碱作物向日葵产量的影响：如图 4.2 所示，各改良剂处理均显著提高向日葵产量。向日葵产量分别为 1 842.75 kg/hm^2、3 380.70 kg/hm^2、3 352.33 kg/hm^2、3 142.30 kg/hm^2、3 400.67 kg/hm^2、4 124.55 kg/hm^2、3 827.58 kg/hm^2、3 725.88 kg/hm^2。各改良剂处理向日葵产量均显著高于 CK 组（$P < 0.05$）。G5 处理下的向日葵产量最高为 4 124.55 kg/hm^2。向日葵产量由高到低依次为 G5 > G6 > G7 > G4 > G1 > G2 > G3 > CK（图 4.2）。

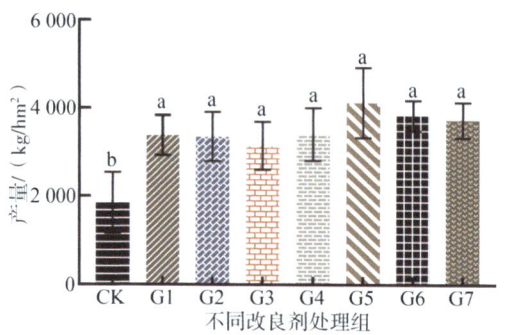

图 4.2　不同改良剂对向日葵产量的影响

4.2　盐碱地改良剂对土壤化学性质的影响

不同改良剂对盐碱地土壤 pH 值的影响：如图 4.3 所示，不同土层 pH 值变化范围均在 7.80～8.97，0～5 cm 土层 G6 组 pH 值最低为 8.04，其次为 G3 组（图 4.3A）；5～10 cm 土层 pH 值较 0～5 cm 土层 pH 值有所提高，其中 G6 组 0～5 cm 土层 pH 值与 5～10 cm 土层 pH 值相差 0.33；10～20 cm 土层 G2 组 pH 值最低为 7.81，且显著低于 CK 组（$P < 0.05$）；对 3 个土层 pH 值进行平均值分析（图 4.3D），G6 组 pH 值最低为 8.23。

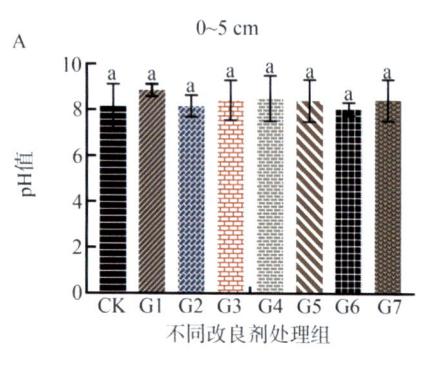

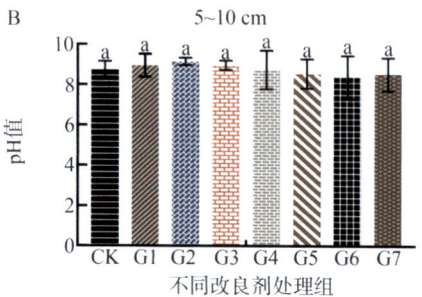

4 盐碱地改良剂对土壤化学性质及微生物群落的影响

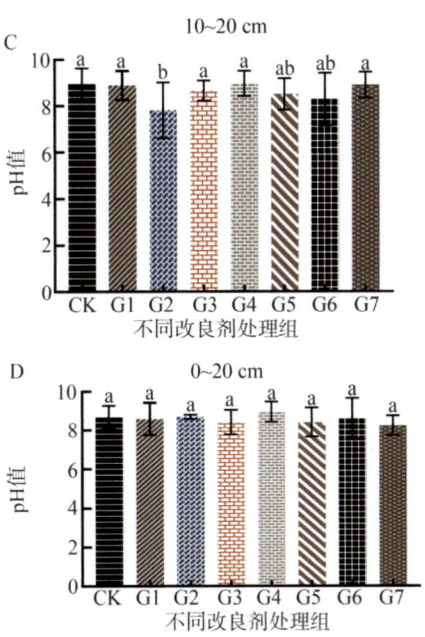

图 4.3 不同改良剂对土层 pH 值的影响

注：图 A 为 0～5 cm，图 B 为 5～10 cm，图 C 为 10～20 cm，图 D 为 0～20 cm 平均值，不同处理间不同字母代表差异显著（$P < 0.05$），下同。

不同改良剂对盐碱地土壤养分的影响：如图 4.4 所示，随土层深度加深，土壤速效磷含量呈逐渐下降的趋势（0～5 cm 图 4.4A、5～10 cm 图 4.4B、10～20 cm 图 4.4C），G3 组速效磷含量均达至最高，分别为 13.33 mg/kg、11.36 mg/kg、8.37 mg/kg，显著高于其他改良剂处理组（$P < 0.05$）；0～5 cm 土层各处理速效磷含量为 9.82～13.33 mg/kg，CK 组速效磷含量最低，G4 组与 CK 组无显著差异（均显著低于其他改良剂处理组（$P < 0.05$）；5～10 cm 土层各处理组速效磷含量为 7.24～11.36 mg/kg，G4 组速效磷含量最低，与 CK 组无显著差异，显著低于其他改良剂处理组（$P < 0.05$）；10～20 cm 土层各组速效磷含量为 4.57～8.37 mg/kg，CK 组速效磷含量最低为 4.57 mg/kg，G4 组与 CK 组无显著差异，改良剂处理组均显著高于 CK 组（$P < 0.05$）；0～20 cm（图 4.4D）土层，G3 组速效磷含量最高达 11.12 mg/kg 显著高于 CK 组（$P < 0.05$），改良剂处理组与 CK 组无显著差异，G4 组速效磷含量最低为 7.69 mg/kg。

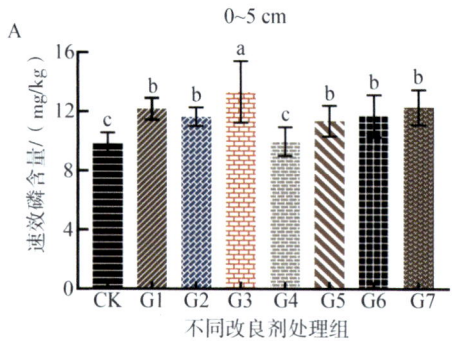
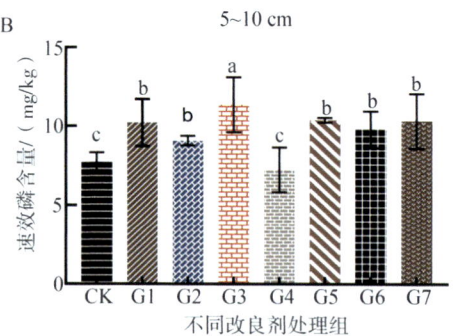
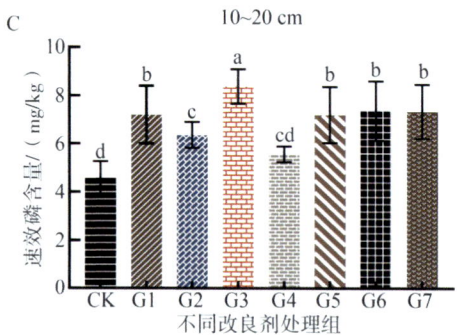
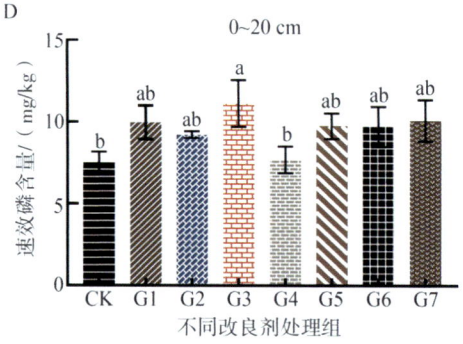

图 4.4　不同改良剂对土层速效磷含量的影响

如图4.5所示，各改良剂处理对土壤速效钾含量均有显著影响。0～5 cm 土层（图4.5A），速效钾含量为129～368 mg/kg，G4组速效钾含量最低，与CK组无显著差异，显著低于G2、G6改良剂处理组（$P < 0.05$），其他改良剂处理组与CK组相比均无显著差异；5～10 cm土层（图4.5B），G5组速效钾含量最低，为69 mg/kg，与CK组无显著差异，显著低于G1、G2、G6、G7组（$P < 0.05$），G6组速效钾含量最高，为255 mg/kg，显著高于各处理组（$P < 0.05$）；10～20 cm土层（图4.5C），CK组速效钾含量最低（64 mg/kg），与G5、G7组无显著差异，显著低于G1、G2、G3、G6组，各处理组速效钾含量依次为64 mg/kg、131 mg/kg、177 mg/kg、139 mg/kg、105 mg/kg、82 mg/kg、178 mg/kg、74 mg/kg；0～20 cm土层（图4.5D），G5组速效钾含量最低为97 mg/kg，CK组与G4、G5组无显著差异，显著低于其他各组（$P < 0.05$），G6组速效钾含量最高达269 mg/kg显著高于其他改良剂处理组（$P < 0.05$）。

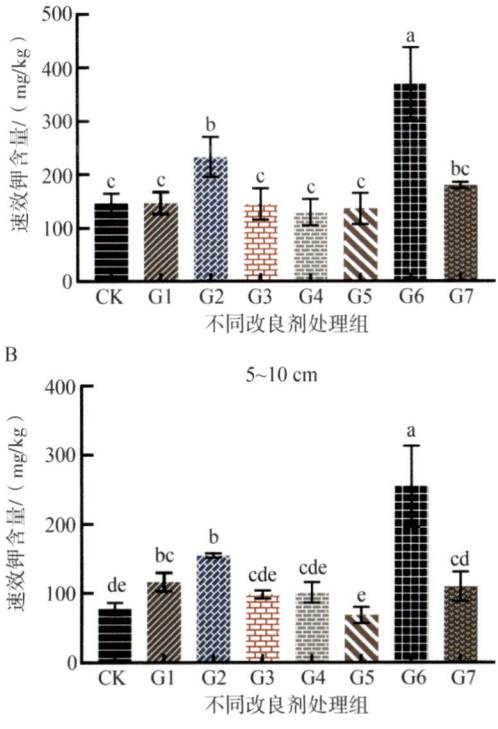

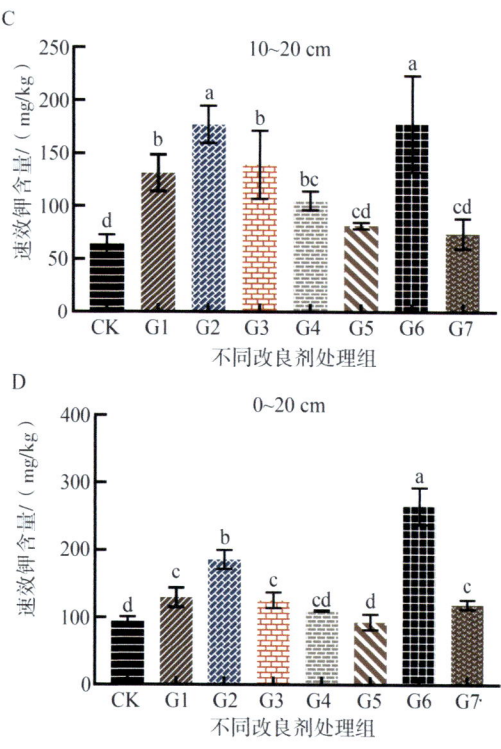

图 4.5 不同改良剂对土层速效钾含量的影响

如图 4.6 所示,各改良剂处理对土壤有机质含量的影响有显著差异。0～5 cm 土层(图 4.6A),有机质含量分别为 4.21 g/kg、8.28 g/kg、15.54 g/kg、19.21 g/kg、7.48 g/kg、4.79 g/kg、10.03 g/kg、7.19 g/kg,CK 组有机质含量最低(4.21 g/kg),G3 组有机质含量最高,达 19.21 g/kg,显著高于其他改良剂处理组($P < 0.05$);5～10 cm 土层(图 4.6B),有机质含量为 2.46～9.96 g/kg,G6 组有机质含量最高,达 9.96 g/kg,显著高于 CK 组($P < 0.05$);10～20 cm 土层(图 4.6C),G7 组有机质含量最高,达 15.72 g/kg,显著高于其他各组($P < 0.05$);0～20 cm 土层(图 4.6D),各改良剂处理组有机质含量均显著高于 CK 组,G3 组有机质含量最高,达 11.86 g/kg,显著高于 CK、G1、G2、G4、G5 组($P < 0.05$)。

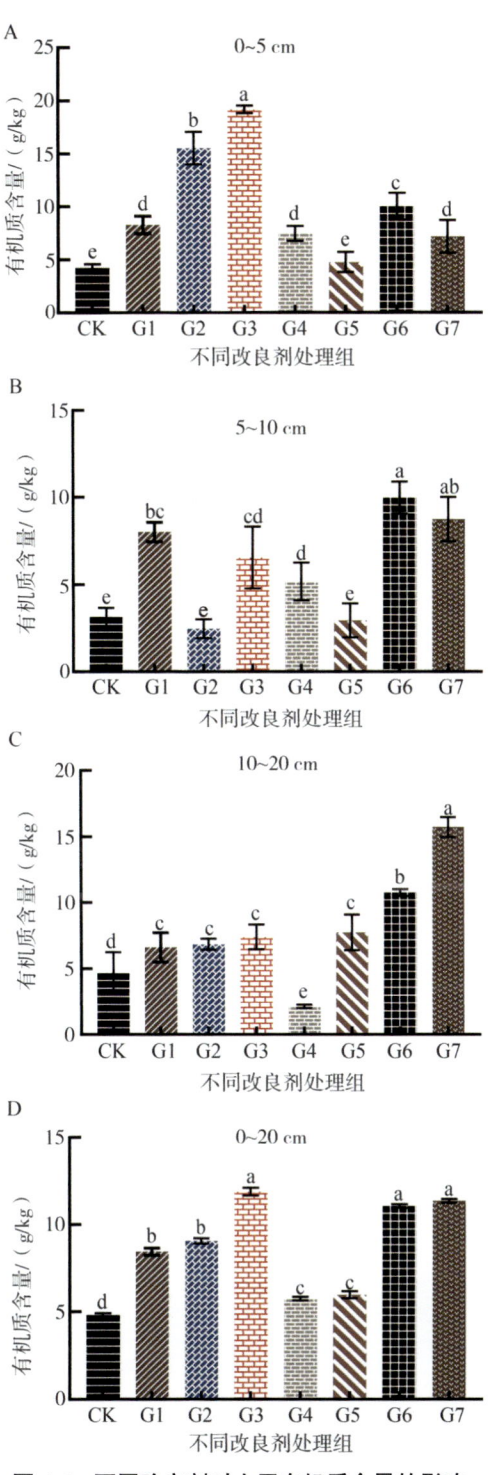

图 4.6 不同改良剂对土层有机质含量的影响

不同改良剂对盐碱地土壤水溶性盐离子的影响：如表 4.2 所示，改良剂对土壤盐基阳离子均有不同程度的改善。0～5 cm 土层，各组 K^+ 含量为 0.13～0.18 g/kg，与 CK 组相比，G1、G3、G4、G5、G6、G7 处理后土壤中 K^+ 含量显著降低（$P < 0.05$）；各组 Na^+ 含量为 2.23～4.46 g/kg，G4 组 Na^+ 含量最低；各组 Ca^{2+} 含量为 0.39～0.81 g/kg，G1、G5、G6 组 Ca^{2+} 含量显著高于 CK 组（$P < 0.05$），G1 组 Ca^{2+} 含量最高；Mg^{2+} 含量为 0.12～0.16 g/kg，G1 组 Mg^{2+} 含量最高，为 0.16 g/kg，与 G3、G4 组无显著差异，显著高于其他各组。5～10 cm 土层，各组 K^+ 含量为 0.04～0.06 g/kg，各组无显著差异；Na^+ 含量为 1.63～2.86 g/kg，G3 组 Na^+ 含量最低；Ca^{2+} 含量为 0.07～0.39 g/kg，CK 组 Ca^{2+} 含量最低，G2、G5、G6 组 Ca^{2+} 含量与 CK 组无显著差异，其他各改良剂处理组均显著高于 CK 组；Mg^{2+} 含量为 0.08～0.13 g/kg，与 CK（0.08 g/kg）相比 G1、G2、G3、G4、G6 组 Mg^{2+} 含量均显著增加（$P < 0.05$）。

表 4.2　不同改良剂对土壤盐基阳离子的影响　　　　　　　　　单位：g/kg

处理	水溶性钾离子（K^+）			
	0～5 cm	5～10 cm	10～20 cm	0～20 cm
CK	0.18±0.02 a	0.05±0.03 a	0.08±0.03 bc	0.09±0.02 b
G1	0.15±0.03 b	0.04±0.03 a	0.07±0.02 bc	0.12±0.04 a
G2	0.16±0.02 ab	0.05±0.04 a	0.09±0.02 abc	0.13±0.02 a
G3	0.13±0.02 b	0.05±0.03 a	0.11±0.02 a	0.10±0.02 ab
G4	0.13±0.03 b	0.04±0.03 a	0.06±0.02 c	0.11±0.01 ab
G5	0.15±0.03 b	0.06±0.03 a	0.09±0.02 ab	0.12±0.02 a
G6	0.13±0.04 b	0.06±0.02 a	0.10±0.03 ab	0.09±0.01 b
G7	0.14±0.02 b	0.05±0.03 a	0.08±0.02 abc	0.11±0.01 ab

处理	水溶性钠离子（Na^+）			
	0～5 cm	5～10 cm	10～20 cm	0～20 cm
CK	3.55±0.78 ab	2.10±0.88 ab	1.40±0.35 abc	3.49±0.55 bc
G1	3.19±0.79 ab	2.86±0.54 a	1.17±0.07 c	3.31±0.23 c
G2	2.72±0.46 ab	2.07±0.71 ab	1.77±0.45 ab	2.66±0.66 de
G3	2.81±0.55 ab	1.63±0.19 b	1.25±0.19 bc	2.75±0.18 d
G4	2.23±1.73 b	1.66±0.61 ab	0.25±0.06 d	2.17±0.16 e
G5	3.77±0.62 ab	1.72±0.43 ab	1.15±0.01 c	3.71±0.53 b
G6	4.46±0.52 a	1.74±0.10 ab	1.51±0.42 abc	4.40±0.73 a
G7	2.80±0.48 ab	1.67±0.16 b	1.80±0.24 a	2.74±0.25 d

续表

处理	水溶性钙离子（Ca^{2+}）			
	0~5 cm	5~10 cm	10~20 cm	0~20 cm
CK	0.42±0.07 de	0.08±0.01 d	0.06±0.01 c	0.21±0.13 c
G1	0.81±0.04 a	0.39±0.09 a	0.24±0.02 a	0.50±0.06 a
G2	0.49±0.04 de	0.13±0.03 cd	0.16±0.04 b	0.28±0.78 bc
G3	0.39±0.01 e	0.22±0.04 b	0.15±0.04 b	0.28±0.15 bc
G4	0.52±0.07 cd	0.23±0.04 b	0.13±0.02 b	0.32±0.03 b
G5	0.62±0.09 bc	0.10±0.02 cd	0.06±0.01 c	0.28±0.05 bc
G6	0.69±0.03 ab	0.07±0.02 d	0.05±0.01 c	0.31±0.52 b
G7	0.41±0.07 de	0.18±0.02 bc	0.06±0.01 c	0.25±0.13 bc

处理	水溶性镁离子（Mg^{2+}）			
	0~5 cm	5~10 cm	10~20 cm	0~20 cm
CK	0.13±0.01 b	0.08±0.02 c	0.08±0.02 a	0.07±0.05 a
G1	0.16±0.02 a	0.13±0.01 a	0.09±0.01 a	0.10±0.10 a
G2	0.13±0.02 b	0.11±0.02 b	0.07±0.03 a	0.08±0.07 a
G3	0.15±0.02 ab	0.12±0.01 ab	0.08±0.01 a	0.09±0.01 a
G4	0.14±0.02 ab	0.11±0.02 b	0.07±0.01 a	0.07±0.01 a
G5	0.12±0.01 b	0.08±0.02 c	0.08±0.01 a	0.07±0.01 a
G6	0.13±0.01 b	0.10±0.01 b	0.07±0.01 a	0.09±0.01 a
G7	0.13±0.01 b	0.09±0.01 c	0.08±0.01 a	0.09±0.01 a

注：小写字母表示同一时期不同土层间的差异显著（$P < 0.05$）。

10~20 cm 土层，各组 K^+ 含量为 0.06~0.11 g/kg，G3 组 K^+ 含量最高，达 0.11 g/kg，显著高于 CK 组（$P < 0.05$）；Na^+ 含量为 0.25~1.80 g/kg，与 CK 组（1.40 g/kg）相比，G4 组 Na^+ 含量显著降低（$P < 0.05$）；Ca^{2+} 含量为 0.05~0.24 g/kg，G1 组 Ca^{2+} 含量最高，显著高于其他各组（$P < 0.05$）；Mg^{2+} 含量为 0.07~0.09 g/kg；G1 组 Mg^{2+} 含量最高。0~20 cm 土层，各处理 K^+ 含量为 0.09~0.13 g/kg，CK 组与 G6 组 K^+ 含量均最低，G2 组 K^+ 含量最高，G1、G5 组与 G2 组无显著差异；Na^+ 含量为 2.17~4.40 g/kg，G4 组 Na^+ 含量最低，与 CK 组相比 Na^+ 含量下降 26.07%；Ca^{2+} 含量为 0.21~0.50 g/kg，G1 组 Ca^{2+} 含量最高，CK 组 Ca^{2+} 含量最低，显著低于 G1、G4、G6 组；Mg^{2+} 含量为 0.07~0.10 g/kg，与 CK 组相比，各改良剂处理组 Mg^{2+} 含量均无显著差异。

如表 4.3 所示，改良剂对土壤盐基阴离子均有不同程度的改善。0~5 cm 土层，Cl^-含量为 0.23～0.47 g/kg，与 CK 组相比，G3 组 Cl^- 含量增加；SO_4^{2-} 含量为 0.14～1.66 g/kg，G4 组 SO_4^{2-} 含量最低，G2 组与之无显著差异；CO_3^{2-} 含量为 0.08～0.42 g/kg，与 CK 相比，G3、G4、G5 组显著降低（$P<0.05$）；HCO_3^- 含量为 0.01～0.09 g/kg，与 CK 组相比，各改良剂处理组 HCO_3^- 含量均无显著差异。5～10 cm 土层，Cl^- 含量为 0.22～0.92 g/kg，G4 组 Cl^- 含量最低；SO_4^{2-} 含量为 0.15～0.96 g/kg，与 CK 组相比，G4 组 SO_4^{2-} 降低 11.76%；CO_3^{2-} 含量为 0.02～0.17 g/kg，与 CK 组相比 G3、G4、G5 组 CO_3^{2-} 含量显著降低（$P<0.05$）；HCO_3^- 含量为 0.06～0.90 g/kg。10～20 cm 土层，Cl^- 含量为 0.19～0.64 g/kg；G4 组 Cl^- 含量最低，G7 组与之相比无显著差异；SO_4^{2-} 含量为 0.08～0.70 g/kg，与 CK 组相比 G2、G3、G6、G7 组 SO_4^{2-} 含量均显著增加（$P<0.05$），G3 组 SO_4^{2-} 含量最高；CO_3^{2-} 含量为 0.02～0.24 g/kg，与 CK 组相比，G3、G4、G5 组 CO_3^{2-} 含量显著降低（$P<0.05$），G4 组 CO_3^{2-} 含量最低；HCO_3^- 含量为 0.05～0.21 g/kg，与 CK 组相比，G1、G3、G4、G5 组 HCO_3^- 含量均显著增加（$P<0.05$）。0～20 cm 土层，Cl^- 含量为 0.21～0.49 g/kg，与 CK 组相比，G4 Cl^- 含量下降 19.23%；SO_4^{2-} 含量为 0.15～0.90 g/kg，G1 相比 CK 组 SO_4^{2-} 含量显著增加（$P<0.05$），其他各组与 CK 相比均无显著差异；CO_3^{2-} 含量为 0.04～0.24 g/kg，与 CK 组相比，G3、G4、G5 组 CO_3^{2-} 含量显著降低（$P<0.05$），G4 组 CO_3^{2-} 含量最低；HCO_3^- 含量为 0.08～0.24 g/kg。

表 4.3　不同改良剂对土壤盐基阴离子的影响　　　　单位：g/kg

处理	水溶性氯离子（Cl^-）			
	0～5 cm	5～10 cm	10～20 cm	0～20 cm
CK	0.34±0.10 b	0.30±0.06 cd	0.22±0.05 cd	0.26±0.09 bc
G1	0.28±0.05 b	0.37±0.01 cd	0.31±0.03 c	0.32±0.25 b
G2	0.32±0.03 b	0.45±0.07 c	0.50±0.05 b	0.42±0.14 a
G3	0.47±0.05 a	0.32±0.01 cd	0.64±0.08 a	0.48±0.14 a
G4	0.23±0.08 b	0.22±0.03 d	0.19±0.04 d	0.21±0.24 c
G5	0.28±0.03 b	0.69±0.01 b	0.31±0.02 c	0.43±0.07 a
G6	0.33±0.02 b	0.27±0.02 cd	0.25±0.04 cd	0.28±0.05 bc
G7	0.34±0.03 b	0.92±0.02 a	0.21±0.06 d	0.49±0.03 a

续表

处理	水溶性硫酸根（SO_4^{2-}）			
	0~5 cm	5~10 cm	10~20 cm	0~20 cm
CK	0.23±0.31 d	0.17±0.02 d	0.08±0.02 c	0.15±0.02 b
G1	1.66±0.21 a	0.80±0.07 a	0.10±0.01 bc	0.90±0.01 a
G2	0.15±0.07 d	0.23±0.02 d	0.25±0.01 b	0.24±0.03 b
G3	0.20±0.06 c	0.60±0.05 b	0.70±0.11 a	0.78±0.05 ab
G4	0.14±0.02 d	0.15±0.02 d	0.13±0.01 bc	0.17±0.05 b
G5	0.19±0.02 c	0.96±0.12 a	0.14±0.01 bc	0.72±0.017 ab
G6	0.22±0.21 bc	0.45±0.02 c	0.59±0.04 a	0.73±0.13 ab
G7	0.26±0.24 b	0.21±0.01 d	0.60±0.21 a	0.77±0.12 ab

处理	水溶性碳酸根（CO_3^{2-}）			
	0~5 cm	5~10 cm	10~20 cm	0~20 cm
CK	0.34±0.20 c	0.14±0.45 a	0.20±0.81 ab	0.22±0.13 a
G1	0.42±0.50 a	0.15±0.45 a	0.14±0.24 cd	0.24±0.16 a
G2	0.34±0.30 c	0.17±0.10 a	0.24±0.06 a	0.24±0.26 a
G3	0.18±0.20 d	0.07±0.20 b	0.08±0.10 e	0.11±0.10 b
G4	0.08±0.01 e	0.02±0.03 c	0.02±0.01 f	0.04±0.06 c
G5	0.08±0.01 e	0.04±0.06 c	0.06±0.02 ef	0.05±0.08 bc
G6	0.39±0.22 b	0.17±0.10 a	0.10±0.11 de	0.22±0.17 a
G7	0.33±0.12 c	0.15±0.11 a	0.17±0.12 bc	0.22±0.32 a

处理	水溶性碳酸氢根（HCO_3^-）			
	0~5 cm	5~10 cm	10~20 cm	0~20 cm
CK	0.09±0.01 a	0.06±0.01 c	0.05±0.01 ef	0.08±0.01 b
G1	0.05±0.01 a	0.13±0.01 bc	0.21±0.03 a	0.14±0.03 ab
G2	0.05±0.02 a	0.90±0.02 bc	0.12±0.01 cde	0.10±0.09 b
G3	0.05±0.04 a	0.17±0.08 ab	0.14±0.02 bcd	0.13±0.08 ab
G4	0.06±0.01 a	0.25±0.01 a	0.19±0.06 ab	0.21±0.04 a
G5	0.03±0.01 a	0.18±0.10 ab	0.16±0.02 abc	0.24±0.08 a
G6	0.01±0.00 a	0.19±0.01 ab	0.05±0.02 f	0.09±0.08 b
G7	0.02±0.00 a	0.15±0.02 abc	0.07±0.08 def	0.08±0.08 b

不同改良剂对土壤化学性质与水溶性盐离子灰色关联综合分析：如表4.4所示，针对8组评价项，以及12项数据进行灰色关联度分析，研究8组评价项与母序列的关联关系（关联度），并基于关联度提供分析参考，计算出关联度值用于评价判断，综合评价结果为G6＞G2＞G3＞G7＞G1＞G4＞G5＞CK（表4.5）。

表 4.4 灰色关联度分析指标

处理	CK	G1	G2	G3	G4	G5	G6	G7
SO_4^{2-}/(g/kg)	0.18±0.01 b	0.90±0.012 a	0.24±0.03 b	0.78±0.049 ab	0.17±0.05 b	0.72±0.017 ab	0.73±0.127 ab	0.77±0.115 ab
HCO_3^-/(g/kg)	0.08±0.01 b	0.14±0.03 ab	0.10±0.09 a	0.13±0.08 ab	0.21±0.04 a	0.24±0.08 a	0.09±0.08 b	0.08±0.08 b
Ca^{2+}/(g/kg)	0.21±0.13 c	0.50±0.06 a	0.28±0.78 bc	0.28±0.15 bc	0.32±0.03 b	0.28±0.05 bc	0.31±0.52 b	0.25±0.13 bc
CO_3^{2-}/(g/kg)	0.22±0.13 a	0.24±0.16 a	0.24±0.26 a	0.11±0.10 b	0.04±0.06 c	0.05±0.08 bc	0.22±0.17 a	0.22±0.32 a
Cl^-/(g/kg)	0.26±0.09 bc	0.32±0.25 b	0.42±0.14 a	0.48±0.14 a	0.21±0.24 c	0.43±0.07 a	0.28±0.05 bc	0.49±0.03 a
Mg^{2+}/(g/kg)	0.07±0.05 a	0.10±0.10 a	0.08±0.07 a	0.09±0.01 a	0.07±0.01 a	0.07±0.01 a	0.09±0.01 a	0.09±0.01 a
K^+/(g/kg)	0.09±0.02 b	0.12±0.04 a	0.13±0.02 a	0.10±0.02 ab	0.11±0.01 ab	0.12±0.02 a	0.09±0.01 b	0.11±0.01 ab
Na^+/(g/kg)	3.49±0.55bc	3.31±0.23 c	2.66±0.66 de	2.75±0.18 d	2.17±0.16 e	3.71±0.53 b	4.40±0.73 a	2.74±0.25 d
速效钾/(mg/kg)	97±0.00 d	133±0.01 c	189±0.01 b	129±0.01 c	113±0.00 cd	97±0.01 d	269±0.02 a	123±0.00 c
速效磷/(mg/kg)	7.51±0.00 b	9.96±0.00 ab	9.21±0.00 ab	11.12±0.00 a	7.69±0.00 b	9.75±0.00 ab	9.71±0.01 ab	10.08±0.01 ab
有机质/(g/kg)	4.81±0.37 d	8.45±0.27 b	9.10±0.14 b	11.87±0.41 a	5.74±0.33 c	5.97±0.31 c	11.06±0.29 a	11.36±0.38 a
pH 值	8.61±0.35 a	8.90±0.28 a	8.38±0.31 a	8.69±0.28 a	8.74±0.47 a	8.49±0.44 a	8.23±0.47 a	8.62±0.44 a

注：同行中不同字母表示存在显著差异（$P<0.05$），下同。

表 4.5　灰色关联综合排序

评价项	关联度	排名
G6	0.994	1
G2	0.954	2
G3	0.946	3
G7	0.944	4
G1	0.942	5
G4	0.937	6
G5	0.935	7
CK	0.932	8

4.3　盐碱地改良剂对土壤细菌群落多样性的影响

通过对不同处理组土壤样品进行 16S rRNA 扩增子测序，分析土壤细菌多样性和群落组成，每个样品平均获得 46 679 条有效数据和 2 612 个 ASV。所有样品测序覆盖值都在 99% 以上，表明采样数据足以代表不同样品的整体微生物群。

如图 4.7 所示，8 组处理中细菌群落的 α 多样性（ACE、Chao1、Shannon、Simpson）无显著差异。本试验基于加权 UniFrac 距离的主坐标分析（PCoA）分析土壤细菌的 β 多样性，利用 Adonis 检验评估不同处理土壤样品之间微生物 β 多样性的差异。

如图 4.8 所示，不同处理间细菌群落无显著差异，PC1 和 PC2 的贡献率分别为 42.78% 和 12.16%，不同处理分布在中部，微生物群之间存在交杂，并未出现明显的分离。

如图 4.9 所示，各处理组土壤细菌群落在门水平上，8 组处理细菌群落组成相似，优势菌门为 Actinobacteriota 和 Proteobacteria，在每组中的占比均达到 50% 以上（52.50%～62.29%），其中在 G3 和 G4 组中的放线菌门占比最高，35.61% 和 36.12%，G7 组的变形菌门占比最高，达 36.31%。

如图 4.10 所示，改良剂处理土壤样品细菌类群之间存在显著性差异的菌属有 11 个 g_unclassicified_f_Sphingomonadaceae、g_norank_f_norank_ o_Saccharimonadales、Devosia、Mesorhizobium、g_unclassified_o_Saccharimonadales、Rhizorhapis、Lysini bacillus、Acidibacter、苯基杆菌属（Phenylobacterium）、g_norank_f_norank_o_norank_c_Gitt-GS-136、g_unclassified_c_Anaerolineae。g_unclassicified_f_Sphingomonadaceae 在 G7 和 G1 组中占比最高，分别为 1.07%、1.11%，在 G2 和 CK 组中占比最低，分别为 0.49%、0.52%，CK、G2 组显著低于 G1、G7 组（$P < 0.05$），与 G3 组、G4 组和 G6 组无显著差异；g_norank_f_norank_o_Saccharimonadales 在 G5 组中占比最高（1.84%），显著高于其他各组（$P < 0.05$），其他各组间无显著差异；Devosia 中占比最高为 G7 组为 0.67%，显著高于 CK（0.24%）、G2（0.19%）、G3（0.44%）、G4（0.43%）、G6（0.18%）组（$P < 0.05$），最低为 CK、G2、G6 组，分别为 0.24%、0.19%、0.18%；Mesorhizobium 中占比最高为 G5 组（0.31%），显著高于除 G7 外其他各组（$P < 0.05$），占比最低为 G6 组（0.06%），显著低于 G5 组（0.31%）（$P < 0.05$），CK、G1、G2、G3、G4、G6 组间无显著差异；g_unclassified_o_Saccharimonadales 占比最低为 G2 组（0.06%）和 G3 组（0.04%），显著低于 G7 组（$P < 0.05$），而在 CK 组（0.08%）、G1 组（0.16%）、G4 组（0.16%）、G5 组（0.12%）、G6 组（0.09%）与 G7 组无显著差异；Rhizorhapis 占比最高为 G7 组（0.17%），显著高于 G6 组（0.03%）、G2 组（0.03%）和 CK 组（0.04%）（$P < 0.05$），G1、G3、G4、G5 组之间无显著差异；Lysinibacillus 在 G5 组中占比最高，为 0.23%，显著高于除 G7 外其他各组（$P < 0.05$），占比最低为 G3、G6 组，分别为 0.03% 和 0.03%，显著低于 G5 与 G7 组，其中 CK、G1、G2、G4 组间无显著差异；Acidibacter 在 G7 组（0.20%）中占比最高，在 G6 组（0.01%）占比最低，两组间存在显著差异（$P < 0.05$），其他各组间均无显著差异；Phenylobacterium 占比最高为 G3 组（0.15%），最低为 G6 组（0.016%），两组间差异显著（$P < 0.05$），CK、G1、G3、G4、G5 组间均无显著差异；g_norank_f_norank_o_norank_c_Gitt-GS-136 在 CK、G3、G6 组中占比最高，分别为 1.15%、1.10%、1.25%，显著高于 G7 组（$P < 0.05$）。其他各组间无显著差异；g_unclassified_c_Anaerolineae 占比最高为 G5 组

(0.18%),最低为 G6 组(0.013%),两组之间差异显著($P < 0.05$),CK、G1、G2、G3、G4、G7 组间无显著差异。

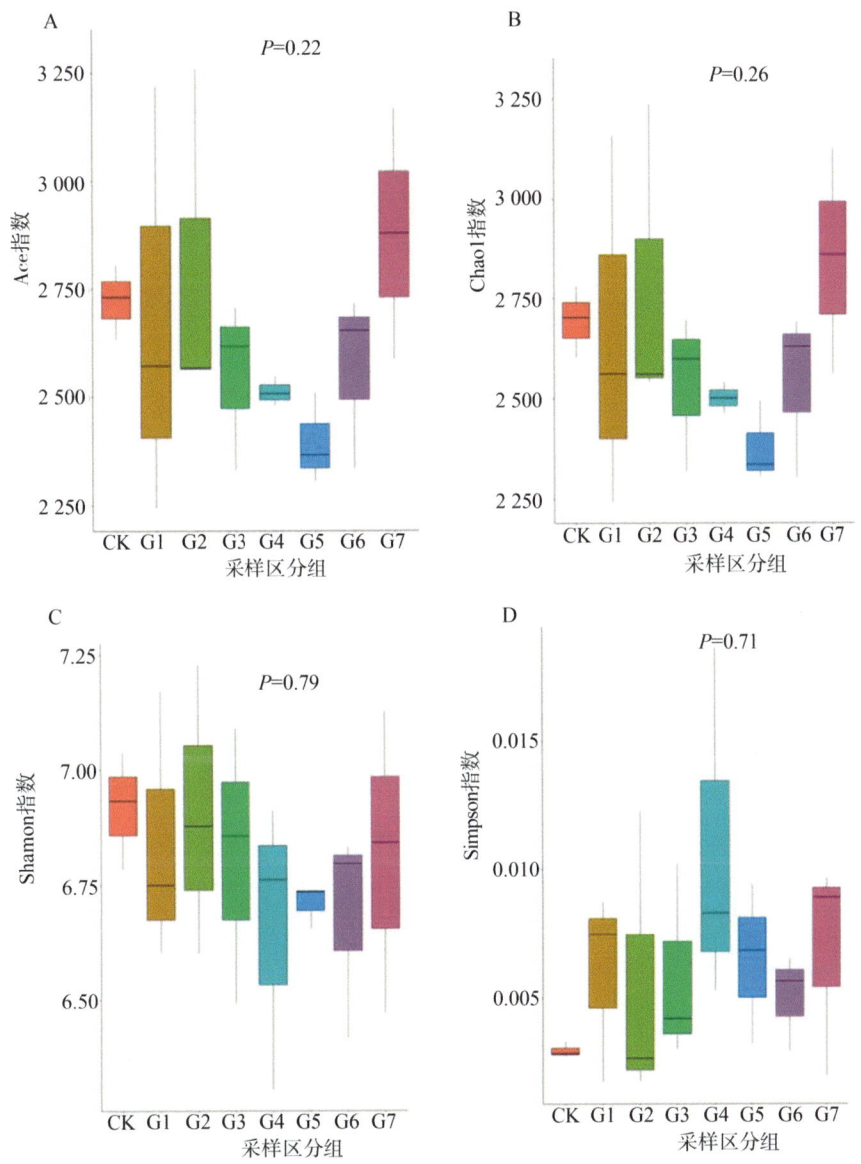

图 4.7 各处理组细菌群落 α 多样性的变化

注:图 A 为细菌 Ace 指数;图 B 为细菌 Chao1 指数;图 C 为细菌 Shannon 指数;图 D 为细菌 Simpson 指数。

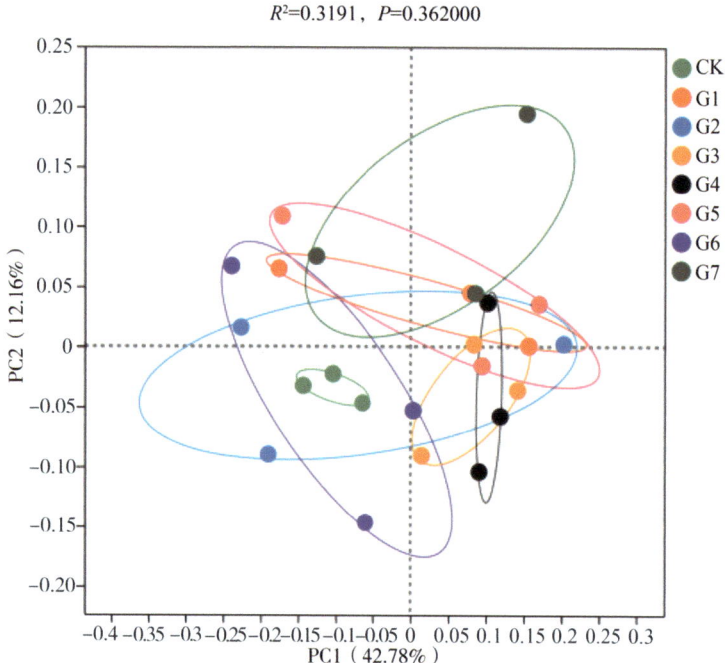

图 4.8 主成分分析

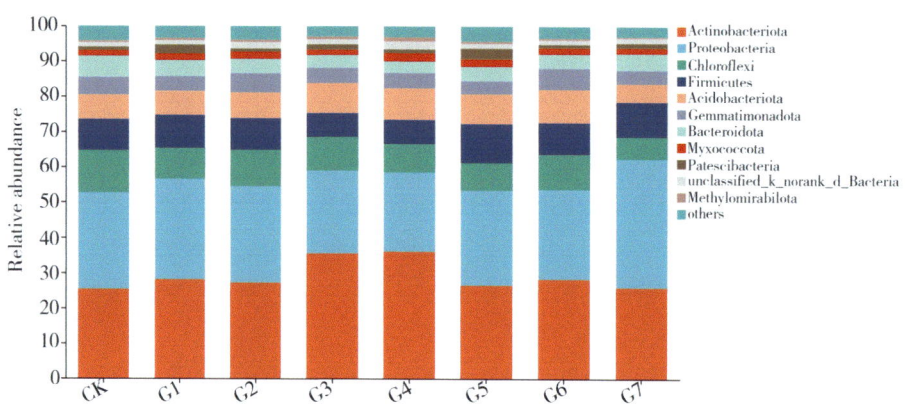

图 4.9 各处理组细菌在门水平的群落情况

4 盐碱地改良剂对土壤化学性质及微生物群落的影响

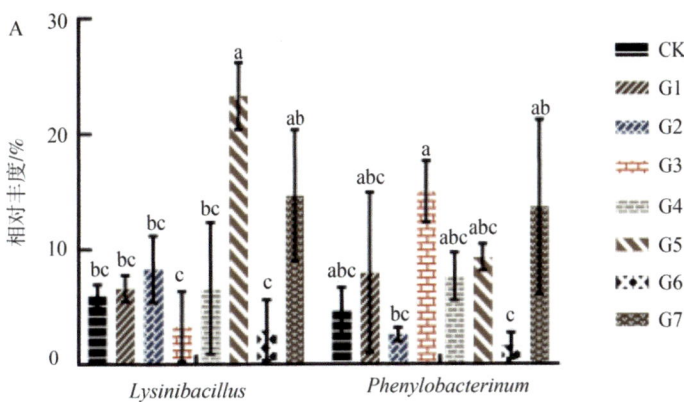

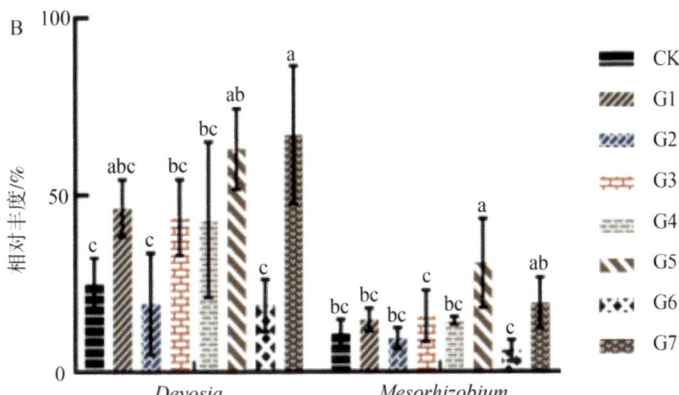

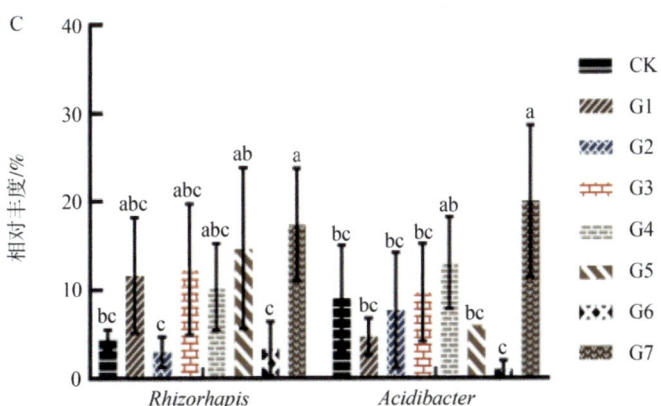

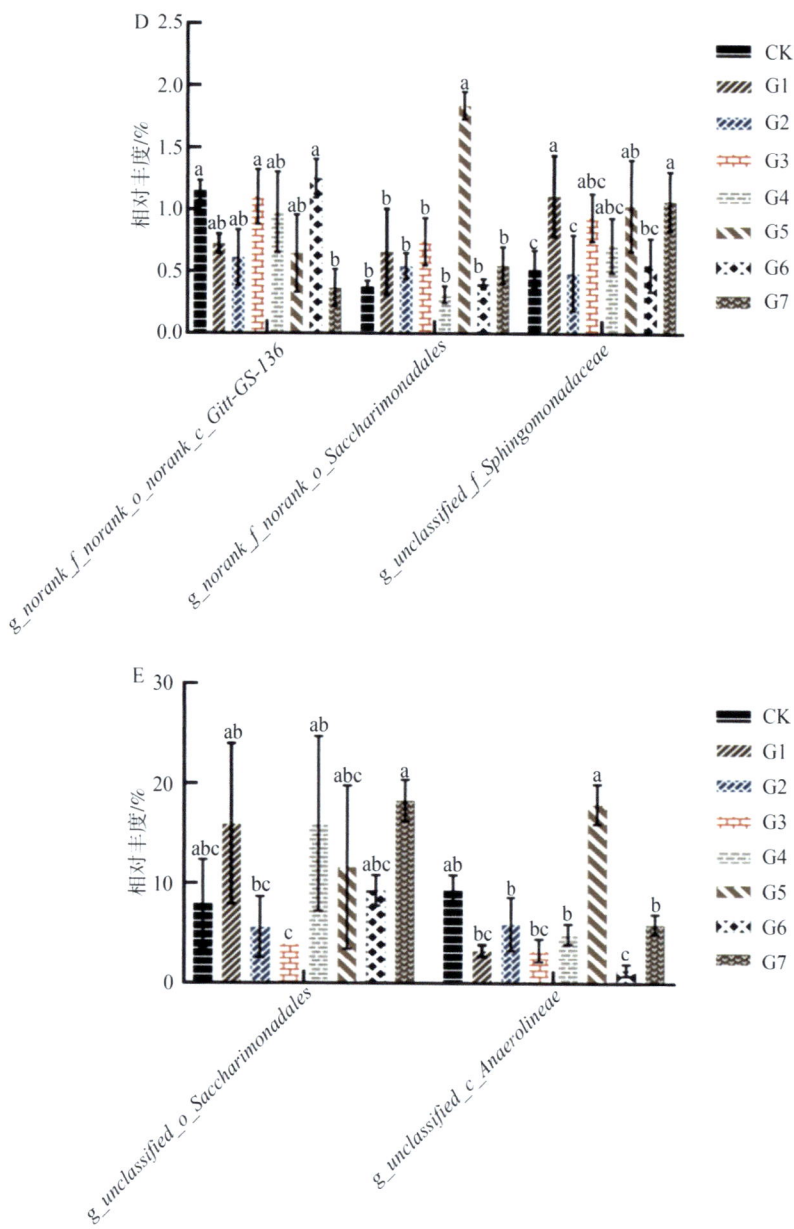

图 4.10 各处理组细菌相对丰度

4.4 盐碱地改良剂对土壤真菌多样性影响

本研究使用 ITS 扩增子测序对施加改良剂土壤样本真菌群落进行分析，每个样品平均得到 73 777 条有效数据和 235 个 ASV。所有样品测序覆盖值都在 99% 以上，与细菌群落结果相似，表明测序深度足以进行可靠的分析。8 组样品中真菌群落的 α 多样性（ACE、Chao、Shannon、Simpson）无显著差异（图 4.11）。本研究采用基于加权 UniFrac 距离的主坐标分析（PCoA）分析土壤细菌的 β 多样性，利用 Adonis 检验评估不同处理土壤样品之间微生物 β 多样性的差异。结果同样与细菌群落类似，各组样品之间无显著差异，PC1 和 PC2 的贡献率分别为 31.84% 和 14.29%，各处理组真菌群落之间存在交杂，并未出现明显的分离（图 4.12）。各改良剂处理组土壤真菌群落在门和属水平上的变化分别如图 4.13 和图 4.14 所示。在门水平上，8 组处理真菌群落组成相似，均以 Ascomycota 为优势菌门，其在各样本真菌群落中的占比均在 70% 以上（74.28%～88.59%）。在属水平上各组样品的优势菌属各有不同，CK 组的优势菌属为翅孢壳属（*Emericellopsis*），占其真菌群落的 25.30%，G1 组和 G7 组的优势菌属为 *unclassified_k_Fungi*，占其真菌群落的 10.57%，G2 组的优势菌属为 *unclassified_f_Microascaceae*，分别占其真菌群落的 26.36% 和 15.25%，G3 组的优势菌属为链格孢属（*Alternaria*），占其真菌群落的 18.15%，G4 组的优势菌属为假裸囊菌属（*Pseudogymnoascus*），占其真菌群落的 17.08%，G5 组和 G6 组的优势菌属为赤霉属（*Gibberella*），分别占其真菌群落的 10.94% 和 13.11%。线性判别分析（LEfSe）未检测出各组之间具有显著性差异的真菌类群。

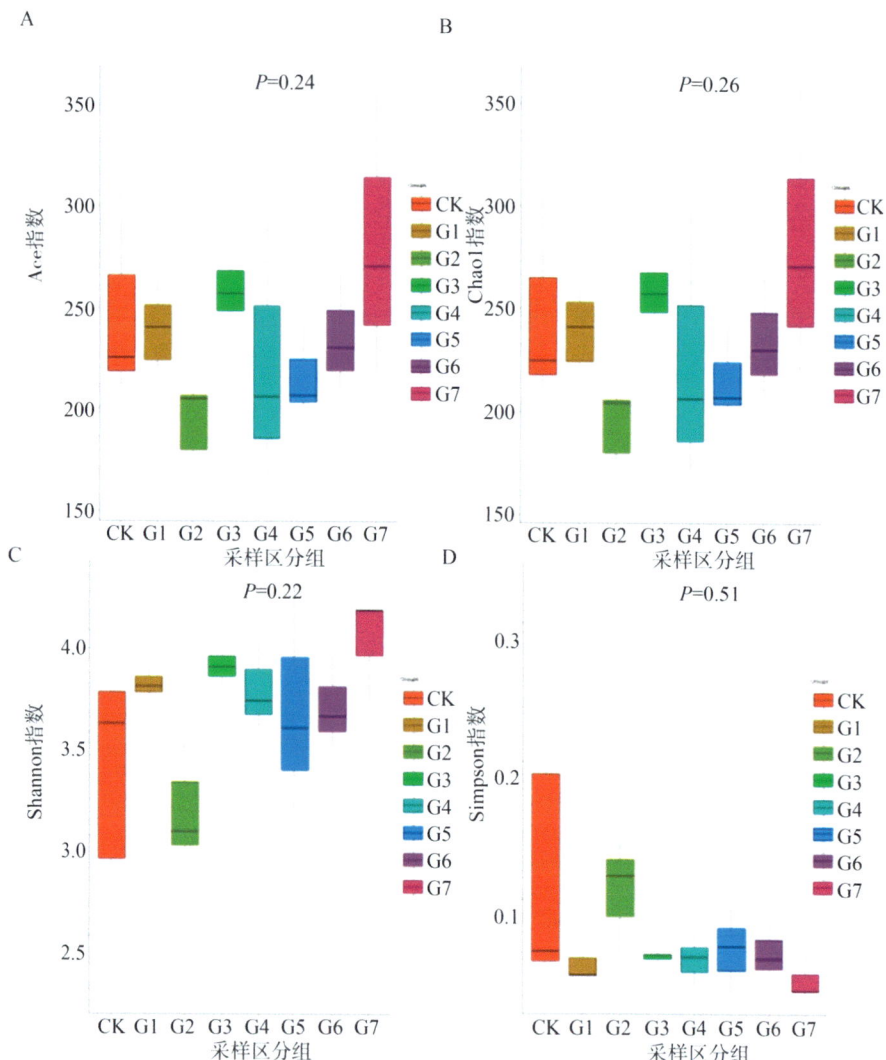

图 4.11　各处理组真菌群落 α 多样性的变化

注：图 A 为真菌 Ace 指数；图 B 为真菌 Chao1 指数；
图 C 为真菌 Shannon 指数；图 D 为真菌 Simpson 指数。

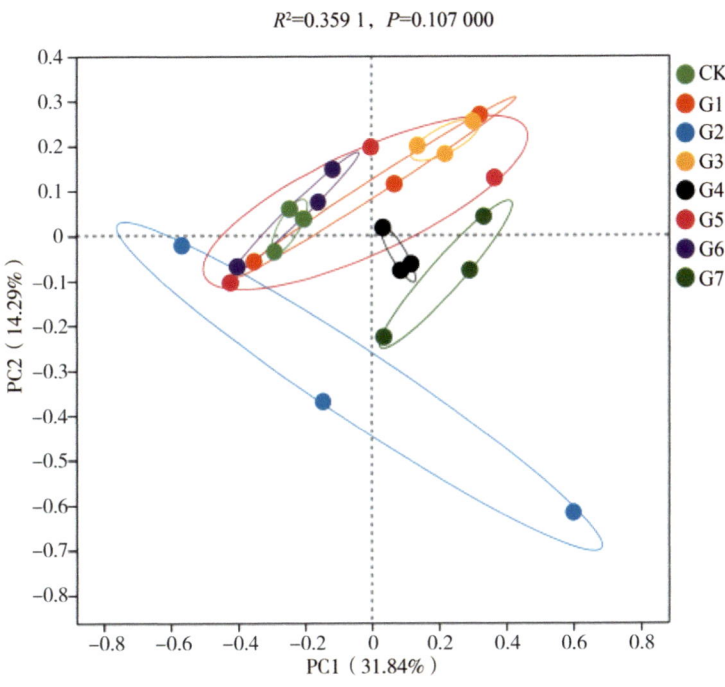

图 4.12　主成分分析

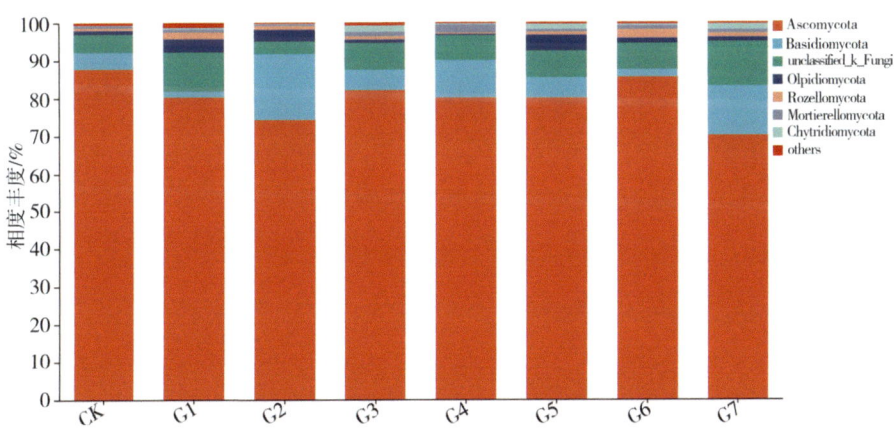

图 4.13　各处理组真菌在门水平的群落丰度

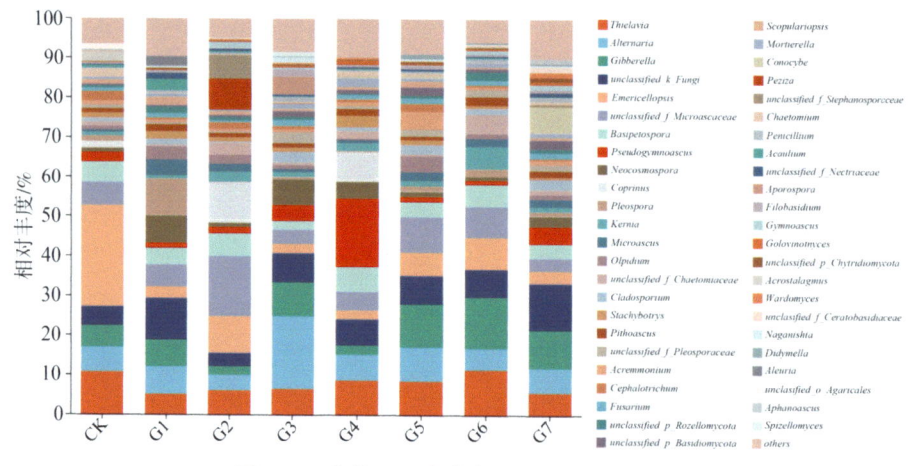

图 4.14　各处理组真菌在属水平的群落丰度

不同改良剂对土壤化学性质与微生物群落结构相关性分析：通过相关性热图来评估前 11 种细菌属与土壤化学性质之间的相关性。分析使用 Spearman 相关系数进行，并在图 4.14 显示。如图 4.14 所示：速效磷含量与 g_norank_f_norank_o_Saccharimonadales 呈极显著正相关（$\rho=0.663$，$P < 0.01$），K^+ 与 g_norank_f_norank_o_Saccharimonadales 呈极显著负相关（$\rho=-0.644$，$P < 0.01$）；Ca^{2+} 含量与 Mg^{2+} 含量与 Lysinibacillus 呈显著正相关（Ca^{2+}：$\rho=0.473$，$P < 0.05$；Mg^{2+}：$\rho=0.489$，$P < 0.05$）；Mg^{2+} 含量与 g_unclassified_o_Saccharimonadales 呈显著正相关（$\rho=0.453$，$P < 0.05$）；Ca^{2+} 与 g_unclassified_o_Saccharimonadales 呈极显著正相关（$\rho=0.577$，$P < 0.01$），此外 SO_4^{2-} 与 g_unclassified_o_Saccharimonadales 呈显著负相关（$\rho=-0.445$，$P < 0.05$）；Mg^{2+} 含量与 Devosia 呈显著正相关（$\rho=0.414$，$P < 0.05$），Ca^{2+} 含量与 Devosia 呈极显著正相关（$\rho=0.522$，$P < 0.01$）；有机质含量、Ca^{2+} 含量与 Rhizorhapis 呈显著正相关（有机质：$\rho=0.437$，$P < 0.05$；Ca^{2+}：$\rho=0.417$，$P < 0.05$）。SO_4^{2-} 含量与 Rhizorhapis 呈显著负相关（$\rho=-0.420$，$P < 0.05$）；Ca^{2+} 含量与 Mesorhizobium 呈极显著正相关（$\rho=0.531$，$P < 0.01$）；Ca^{2+} 含量与 Mg^{2+} 含量与 g_norank_f_norank_o_norank_c_Gitt_GS_136 呈显著负相关（Ca^{2+}：$\rho=-0.456$，$P < 0.05$；Mg^{2+}：$\rho=-0.413$，$P < 0.05$）；K^+ 与 Acidibacter 呈极显著正相关（$\rho=0.554$，$P < 0.01$）。速效钾与 Acidibacter 呈显著负相关

(ρ=–0.439，$P < 0.05$）。

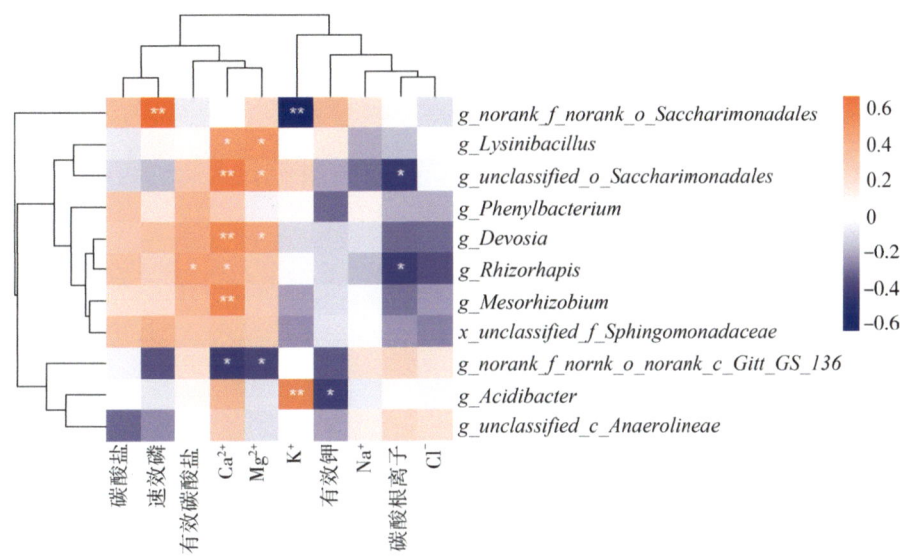

图 4.15　细菌属与土壤化学性质之间的相关性

4.5　结论

（1）不同改良剂处理与对照相比均显著提高向日葵产量（$P < 0.05$），依次为重构液＋生物菌肥（G5）＞生物炭＋生物菌肥（G6）＞生物炭＋重构液＋生物菌肥（G7）＞生物菌肥（G4）＞重构液（G1）＞重构液＋生物炭（G3）＞生物炭（G2）＞对照（CK）。其中重构液＋生物菌肥（G5）处理产量最高，为 4 124.55 kg/hm^2。

（2）不同改良剂处理对土壤养分含量及水溶盐离子均有积极影响，通过灰色关联度分析对各处理 12 项指标进行综合排序，改良结果为生物炭＋生物菌肥＞生物炭＞重构液＋生物炭＞生物炭＋重构液＋生物菌肥＞重构液＞生物菌肥＞重构液＋生物菌肥＞对照。

（3）改良剂的施入可改变盐碱地土壤细菌群落多样性及群落组成，施用改良剂后 Actinobacteriota 和 Proteobacteria 成为优势菌门；生物菌肥单施使放线菌门微生物占比最高达 36.12%；而施用生物炭＋重构液＋生物菌肥复合处理下变形菌门占比最高达 36.31%。同时也改变了土壤真菌群落多样性及结构组成，8组真菌群落组成相似，以Ascomycota为优势菌门，占比均在70%以上，施加生物炭+生物菌肥子囊菌门占比最高，为88.59%。

（4）通过对化学性质与微生物群落结构的关系进行相关性分析，在细菌科水平上，土壤有机质、Ca^{2+}含量、pH值浓度与小囊菌科（Micrococcaceae），Ca^{2+}含量与类芽孢杆菌科（Paenibacillaceae），Cl^-含量与黄杆菌科（Flavobacteriaceae）均呈正相关；Ca^{2+}含量与尤泽比氏菌科（Euzebyaceae）呈负相关。在真菌科水平上，土壤速效磷与葡萄球菌（Aureobasidiaceae），土壤有机质含量、Ca^{2+}含量与圆孔壳菌科（Amphisphaeriaceae），有机质含量与梨孢假壳科（Apiosporaceae），Cl^-含量与Calcarisporiellaceae均呈正相关；土壤pH值与Brachybasidiaceae和Ascodesmidaceae、土壤速效钾与Ajellomycetaceae均呈负相关。综上所述，生物炭+生物菌肥处理方式对土壤化学性质和微生物菌群结构改良效果显著（$P < 0.05$），建议作为该地区盐碱化土地改良利用主推修复措施。此外，盐碱地的改良在农牧业生产中具有重要价值，其能够改善不适宜作物生长的土地，提升土地使用效率，增加作物产量，并有助于生态环境的可持续发展。

5 施肥对碱蓬属植物根际土壤微生物多样性影响

碱蓬（*Suaedaglauca*.spp）属藜科1年生耐盐碱多肉盐生C3草本植物，在我国主要生长于新疆、内蒙古、甘肃、陕西、山东、山西、辽宁等省（区）。我国有碱蓬属植物20种及1个变种，常见种为灰绿碱蓬和盐地碱蓬，其中灰绿碱蓬的产量最高。这两种碱蓬属植物既是内蒙古干旱半干旱区盐碱湿地的优势物种，也是土壤盐碱化的指示植物，对维持盐碱化生态环境稳定有着十分重要的作用，可以通过改善土壤微生物群落结构来改良盐碱土壤。有研究表明，土壤微生物群落结构的多样性与其覆被群落的生产力和多样性呈正相关，并随着覆被群落存在的年限而增加，也有研究表明，植被对微生物的作用可能还与植被类型或植被演替阶段有关。尽管地上植物与土壤微生物关系的研究取得了较大进展，但在干旱半干旱区盐碱弃耕盐碱地施肥管理后，土壤细菌及真菌菌群如何响应肥料类型特征尚不明晰。

5.1 样地概况与研究方法

试验地位于内蒙古自治区锡林浩特市苏尼特右旗中国农业科学院草原研究所荒漠草原试验基地（42°46′N，112°40′E），海拔1 079 m，地处内蒙古高原中部，代表温带草原区荒漠草原生态系统。植被类型为小针茅荒漠草原，土壤类型为典型棕钙土。2023年6月，供试品灰绿碱蓬（*Suaeda glauca*）和盐地碱蓬（*Suaeda salsa*）在中国农业科学院草原研究所荒漠草原试验基地选地和整地，土壤表层pH＞9，翻耕耙平，翻耕深度30 cm左右；播种时间6月初，开沟撒播，开沟深度5 cm左右，行距25 cm，播种量每亩 10 kg 左右，撒播深度 3 cm 左右，播种后用干沙覆盖；灌溉利用微喷定期浇灌，苗期每天喷灌 20 min 左右；一个月后进行一次性施肥，该项目示范小区施肥量分布为氮处理区（尿素 22.5 g/m^2）、氮磷处理区（尿素 22.5 g/m^2 和过磷酸钙 15 g/m^2）、磷处理区（过磷酸钙 15 g/m^2）、对照区（未施肥）。9 月初，在每个样地内各设置 5 个 1 m×1 m 样方，每个样方内进行碱蓬属植物根际土壤采样，设立 5 个采样点取混合土样，每处获得 5 组平行样品。分别在样方 4 个角和中心采集 0～20 cm 的土层，重复取样 5 次各层土样均匀混合后，一部分使用 5 mL 离心管放置并保存于液氮罐中，用于根际细菌群落测定；另一部分装入密封袋中带回实验室，经自然风干处理后过筛（2 mm），一类土样保存在 −20℃ 冰箱用于微生物测序分析（保存时间为 72 h），另一类土样风干保存以用作土壤理化性质测定。土壤样品送至北京诺禾致源生物科技有限公司进行微生物群落扩增子测序分析。

5.2　碱蓬属植物对施肥响应及其土壤理化特性影响

不同肥料处理下灰绿碱蓬株高及地上生物量变化如图 5.1 所示，氮肥及氮磷处理下灰绿碱蓬株高和地上生物量显著高于对照区和磷肥处理区（$P < 0.001$），氮处理区和氮磷处理区平均株高大于 150 cm，地上生物量平均鲜重 2 500 kg 以上。不同肥料处理下盐地碱蓬株高及地上生物量变化如图 5.2 所示，氮肥及氮磷处理下盐地碱蓬株高显著高于对照区和磷处理区（$P < 0.001$），其地上生物量差异不显著。不同肥料处理下灰绿碱蓬土壤含盐量（TDS）、pH 值及有机碳变化如图 5.3 所示，灰绿碱蓬在氮处理下土壤含盐量和对照区比较显著降低（$P < 0.01$），灰绿碱蓬在氮和氮磷处理区土壤 pH 值和对照区相比也出现显著降低（$P < 0.05$），但磷处理区和对照区比较无显著差异，灰绿碱蓬各施肥区的土壤有机碳含量显著高于对照区（$P < 0.001$）。不同肥料处理下盐地碱蓬土壤含盐量、pH 值及有机碳变化如图 5.4 所示，盐地碱蓬各施肥区土壤含盐量和对照区比较显著降低（$P < 0.001$），盐地碱蓬在氮磷和磷处理区土壤 pH 值和对照区相比也出现显著降低（$P < 0.05$），但氮处理区和对照区比较无显著差异，盐地碱蓬各施

肥区的土壤有机碳含量和对照区比较均无显著差异。

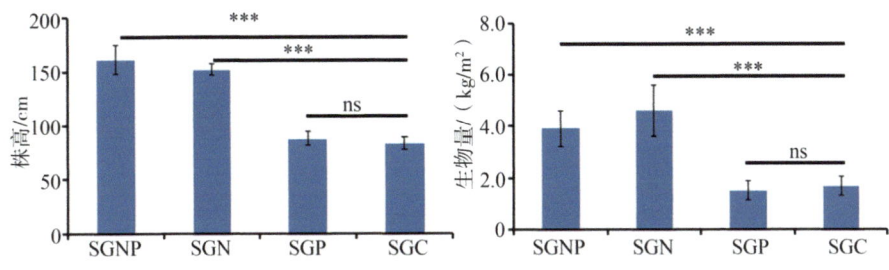

图 5.1 不同施肥处理下灰绿碱蓬株高及地上生物量变化

注：*、**、*** 分别表示 5%、1%、0.1% 显著水平；SGNP 表示氮磷处理区；SGN 表示氮肥处理区；SGP 表示磷肥处理区；SGC 表示对照区；下同。

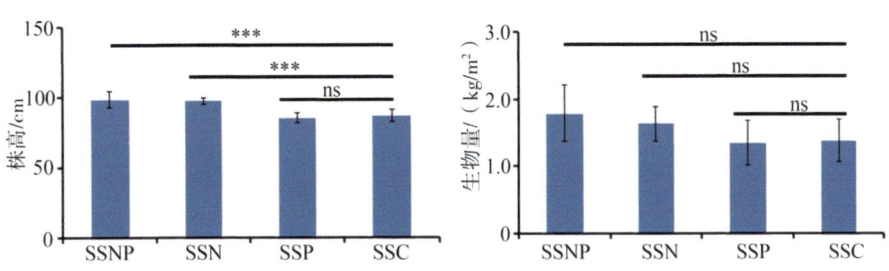

图 5.2 不同施肥处理下盐地碱蓬株高及地上生物量变化

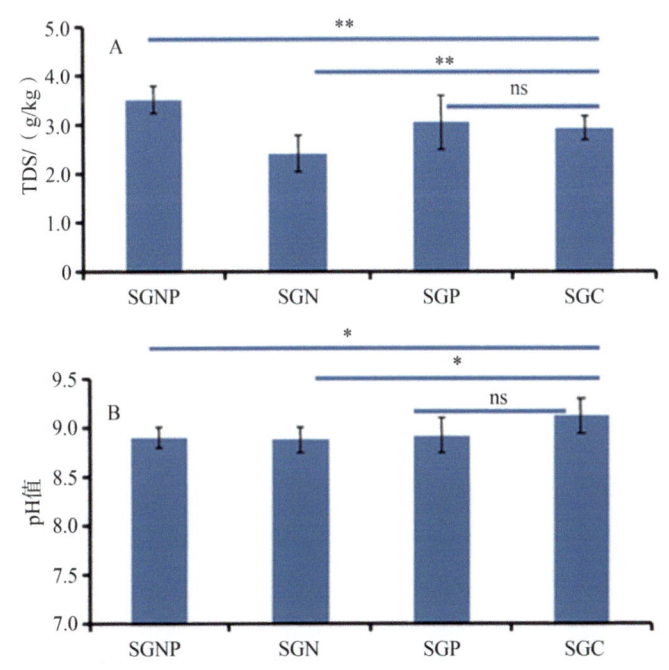

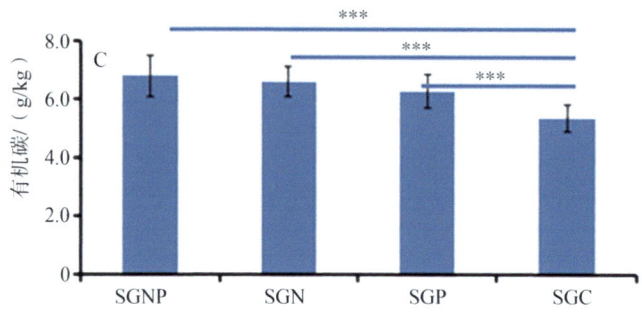

图 5.3　不同施肥处理下灰绿碱蓬根际土壤养分变化

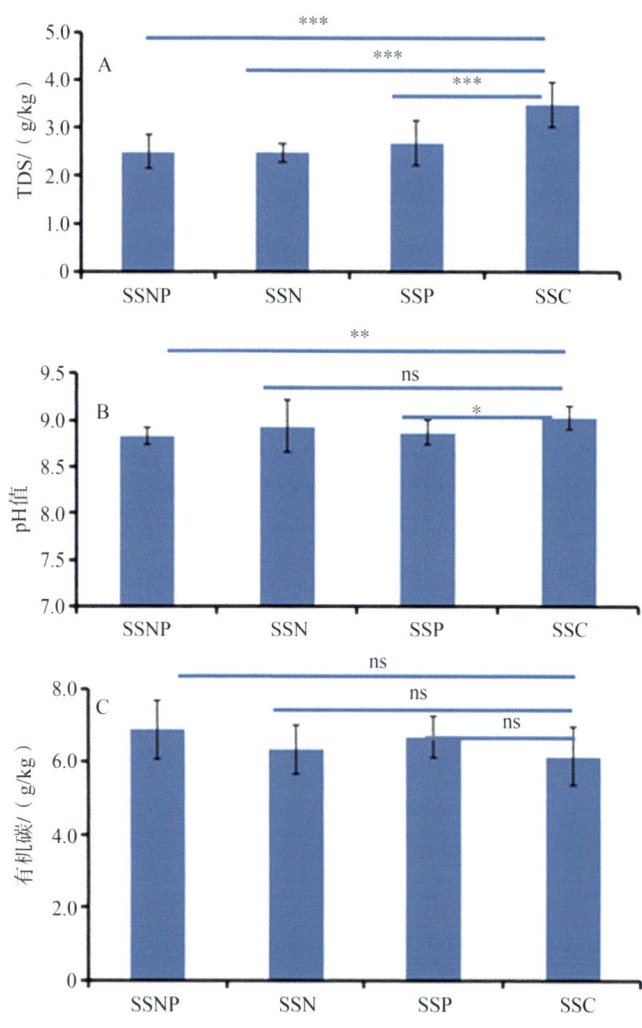

图 5.4　不同施肥处理下盐地碱蓬根际土壤养分变化

5.3 施肥对灰绿碱蓬根际土壤细菌及真菌多样性影响

如图 5.5 所示,不同施肥区及对照区灰绿碱蓬根际土壤细菌中前 10 优势属为酸杆菌属 RB41、鞘氨醇单胞菌(Sphingomonas)、海洋杆菌属(Pontibacter)、红色杆菌属(Rubrobacter)、芽单胞菌属(Gemmatimonas)、黄色土源菌(Flavisdibacter)、土黏结杆菌(Adhaeribacter)、亚硝化球菌属(Candidatus-Nitrososphaera)、类诺卡氏菌属(Nocardioides)、OLB13。在各处理区酸杆菌属相对丰度分别为 SGNP(0.59%)、SGN(0.24%)、SGP(0.10%)、SGC(0.27%);鞘氨醇单胞菌 SGNP(5.10%)、SGN(5.0%)、SGP(3.09%)、SGC(3.41%);海洋杆菌属 SGNP(1.08%)、SGN(1.57%)、SGP(0.51%)、SGC(0.71%);红色杆菌属 SGNP(1.17%)、SGN(0.91%)、SGP(1.51%)、SGC(0.87%);芽单胞菌属 SGNP(1.62%)、SGN(1.85%)、SGP(1.34%)、SGC(2.06%);黄色土源菌 SGNP(0.75%)、SGN(1.14%)、SGP(0.40%)、SGC(0.78%);土黏结杆菌 SGNP(0.61%)、SGN(0.90%)、SGP(0.39%)、SGC(0.42%);亚硝化球菌属 SGNP(0.35%)、SGN(0.58%)、SGP(0.63%)、SGC(0.39%);类诺卡氏菌属 SGNP(1.28%)、SGN(1.25%)、SGP(0.99%)、SGC(1.55%);OLB13 属 SGNP(0.59%)、SGN(0.24%)、SGP(0.10%)、SGC(0.27%)。灰绿碱蓬对照区(SGC)和氮处理区(SGN)之间 11 菌属(Edaphobaculum、Unidentified-Gemmatimonadaceae、Gemmata、Kribbella、Conexibacter、Unidentified-Chloroplast、SH-PL14、Flavobacterium、Mycobacterium、Lysobacter、JCM-18997)的相对丰度有显著差异($P < 0.05$),氮处理区的酸杆菌属(Edaphobaculum)、芽单胞菌科属(Unidentified-Gemmatimonadaceae)和黄杆菌属(Flavobacterium)细菌相对丰度显著高于对照区,其他 8 种细菌丰度显著低于对照区(图 5.6)。灰绿碱蓬对照区(SGC)和氮磷处理区(SGNP)之间 14 菌属(Edaphobaculum、Unidentified-Gemmatimonadaceae、Actinoplanes、Haliangium、Phenylobacterium、Kribbella、Unidentified-Chloroplast、Mycobacterium、Candidatus-Chloroploca、Opitutus、Lysobacter、Lechevaliera、Mesorhizobium、JCM-18997)的相对丰度有显著差

异（$P < 0.05$）（图5.7），氮磷处理区的酸杆菌属（*Edaphobaculum*）、芽单胞菌科属（*Unidentified-Gemmatimonadaceae*）、假苯基杆菌（*Phenylobacterium*）和丰祐菌属（*Opitutus*）细菌显著高于对照区，其他10种细菌相对丰度显著低于对照区。灰绿碱蓬对照区（SGC）和磷处理区（SGP）之间29菌属（*Rubrobacter*、*Flavisolibacter*、*OLB13*、*Massilia*、*Roseisolibacter*、*Gemmata*、*Aridibacter*、*Blastocatella*、*Nannocystis*、*Unidentified-Chloroplast*、*SH-PL14*、*Unidentified-lsosphaeraceae*、*Mesorhizobium*、*Unidentified-Rhodanobacteraceae*、*JCM-18997*等）的相对丰度有显著差异（$P < 0.05$），磷处理区的红色杆菌属（*Rubrobacter*）细菌显著高于对照区，其他25种细菌相对丰度显著低于对照区（图5.8）。

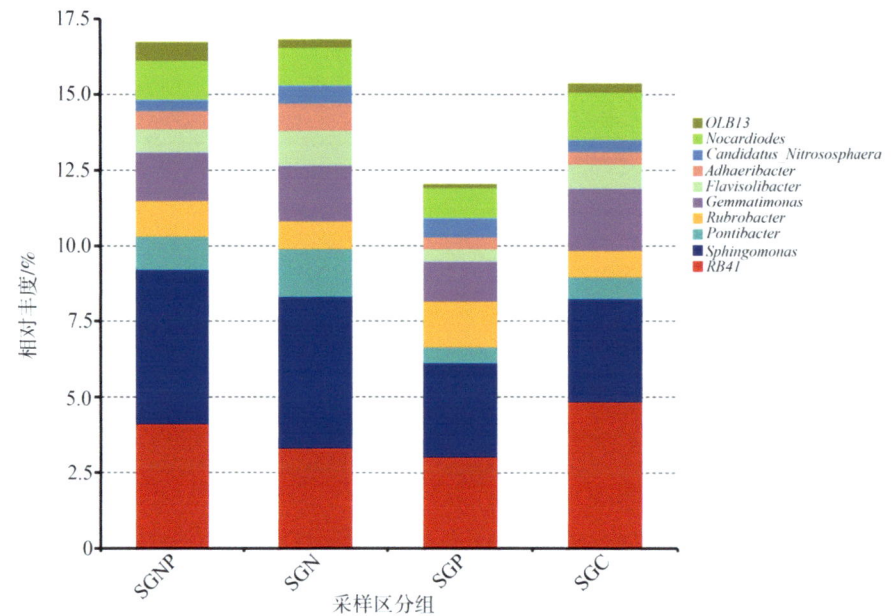

图 5.5　灰绿碱蓬根际土壤样品细菌菌群属水平丰度分布图（前10）

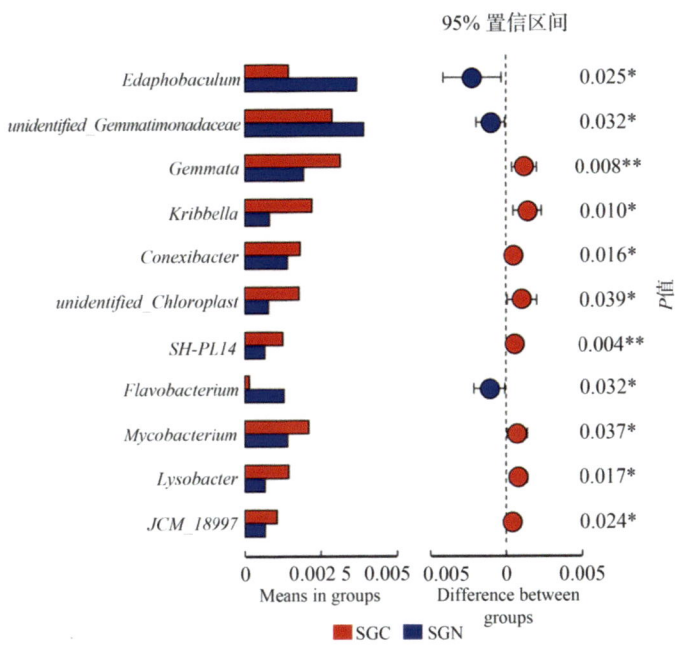

图 5.6　灰绿碱蓬对照区和氮处理区根际土壤细菌菌群结构比较（属）

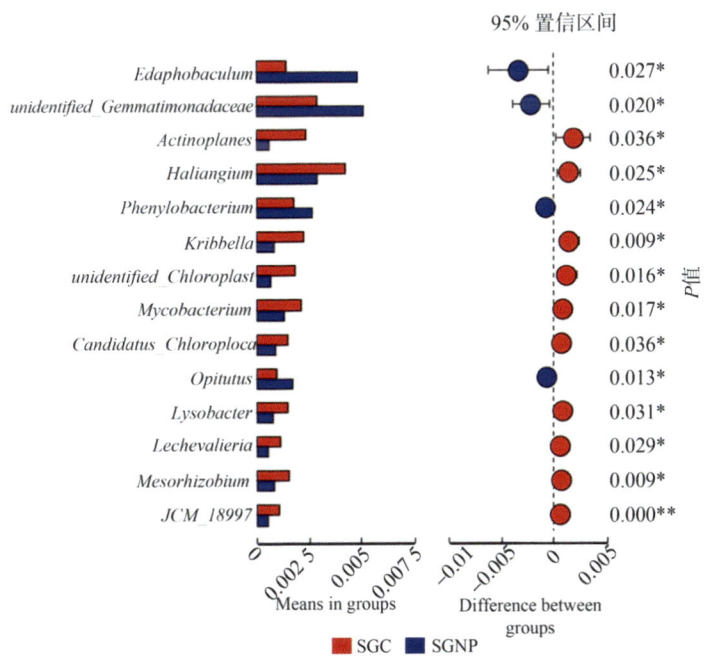

图 5.7　灰绿碱蓬对照区和氮磷处理区根际土壤细菌菌群结构比较（属）

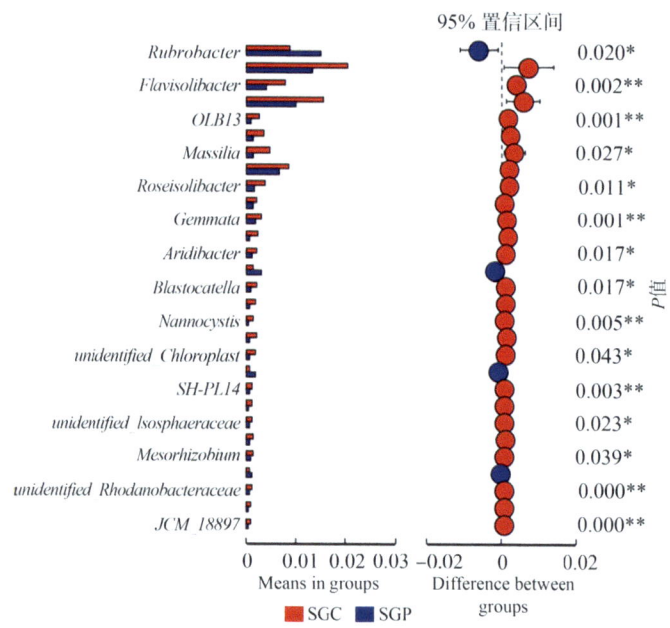

图 5.8　灰绿碱蓬对照区和磷处理区根际土壤细菌菌群结构比较（属）

如图 5.9 所示，灰绿碱蓬根际土壤样品组间细菌 Shannon 多样性指数与灰绿碱蓬各处理区根际土壤细菌多样性指数之间无显著差异（$P>0.05$）。如图 5.10 所示，从属水平上对灰绿碱蓬根际土壤细菌和土壤理化性质进行 dbRDA 分析，横轴和纵轴对各土壤样品细菌群落组成差异的贡献值分别为 56.81% 和 20.12%，两者可解释 76.93% 的方差变异。其中，土壤含盐量、硝态氮、铵态氮与 dbRDA 轴 I 呈正相关；土壤 pH 值、有机碳、速效磷与 dbRDA 轴 I 呈负相关；经 dbRDA 分析，pH 值（$R^2=0.0915$，$P=0.2988$）、TDS（$R^2=0.3965$，$P=0.0019$）、速效磷（$R^2=0.1351$，$P=0.1589$）、硝态氮（$R^2=0.0305$，$P=0.6661$）、有机碳（$R^2=0.1290$，$P=0.1769$）、铵态氮（$R^2=0.0952$，$P=0.2878$），其中 TDS 与根际土壤细菌群落相关性显著，是影响灰绿碱蓬根际土壤细菌群落结构的重要环境因子。

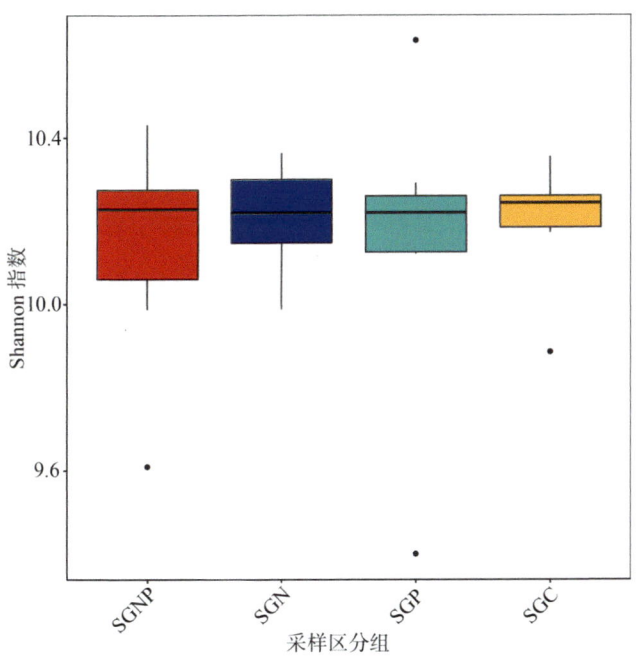

图 5.9　灰绿碱蓬根际土壤样品组间细菌群落 Shannon 多样性指数

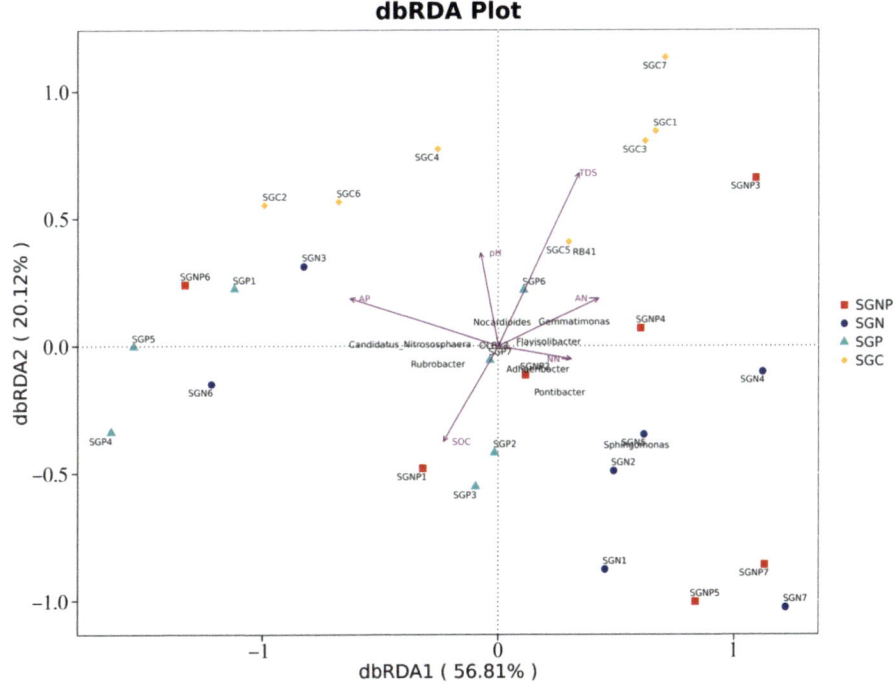

图 5.10　灰绿碱蓬根际土壤样品间细菌群落与环境因子间的 RDA 分析

如图 5.11 所示，不同施肥区及对照区灰绿碱蓬根际土壤真菌中前 10 优势属为镰孢霉属（*Fusarium*）、*Plectosphaerella*、链格孢属菌（*Alternaria*）、*Bisifusarium*、粪盘菌属（*Ascobolus*）、格孢腔菌属（*Pleospora*）、*Thyrostroma*、头囊聚孢霉属（*Cephaliophora*）、地孔菌属（*Geopora*）、火丝菌科的 *Pyronemataceae_gen_incertae_sedis*。在各处理区镰孢霉属（*Fusarium*）相对丰度分别为 SGNP（47.16%）、SGN（50.26%）、SGP（42.64%）、SGC（51.51%）占绝对优势；火丝菌科的 *Pyronemataceae_gen_incertae_sedis* 相对丰度为 SGNP（3.47%）、SGN（3.14%）、SGP（2.58%）、SGC（8.53%）；头囊聚孢霉属（*Cephaliophora*）相对丰度为 SGNP（6.32%）、SGN（6.21%）、SGP（5.26%）、SGC（5.30%）；以上 3 属在前 10 个优势属中占比比较高，从相对丰度看，施肥处理会在一定程度上影响灰绿碱蓬根际土壤真菌丰度。灰绿碱蓬对照区（SGC）和磷处理区（SGP）之间 11 个真菌属的相对丰度有显著差异，分别为粪盘菌属（*Ascobolus*）、绿僵菌属（*Metarhizium*）、葡萄穗霉属（*Stachybotrys*）、被孢霉属（*Mortierella*）、毛壳霉属真菌（*Chaetomium*）、*Curvularia*、*Preussia*、*Coniocessia*、*Eungi_gen_Incertae_sedis*、*Knufia*、曲霉属（*Aspergillus*）。磷处理区 10 个属土壤根际真菌显著高于对照区，磷肥能有效提高土壤根际真菌丰度（图 5.12）。灰绿碱蓬对照区（SGC）和氮处理区（SGN）之间 3 个真菌属的相对丰度有显著差异，分别为 *Plectosphaerella*、*Preussia*、*Sodiomyles*，这 3 个属在根际土壤中丰度氮处理区（SGN）显著高于对照区（SGC）（图 5.13）。灰绿碱蓬对照区（SGC）和氮磷处理区（SGNP）之间 5 个真菌属的相对丰度有显著差异，分别为 *Bisifusarium*、*Plectosphaerella*、毛壳霉属真菌（*Chaetomium*）、*Preussia*、*Coniocessia*，其中 4 个属在根际土壤中丰度氮磷处理区（SGNP）显著高于对照区（SGC）（图 5.14）。

5 施肥对碱蓬属植物根际土壤微生物多样性影响

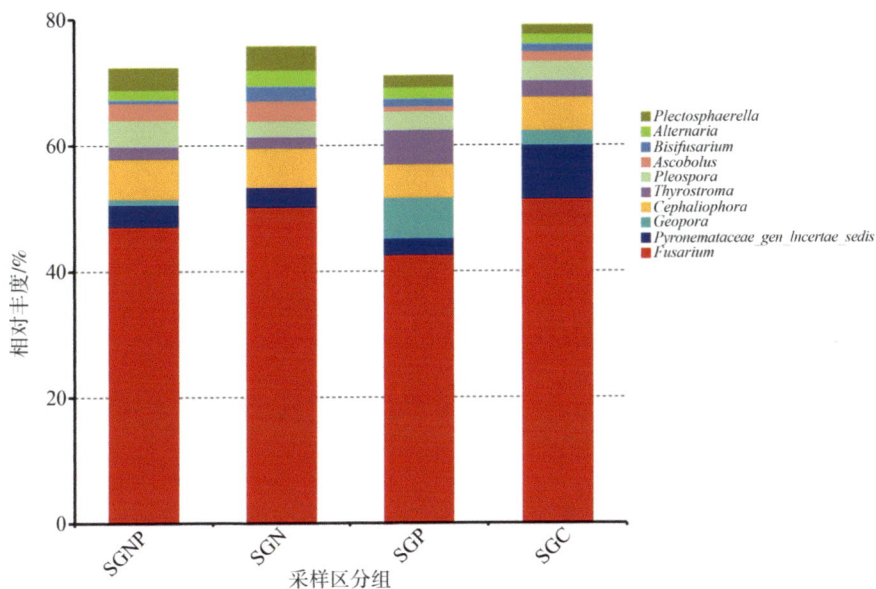

图 5.11 灰绿碱蓬根际土壤样品真菌菌群属水平丰度分布图（前 10）

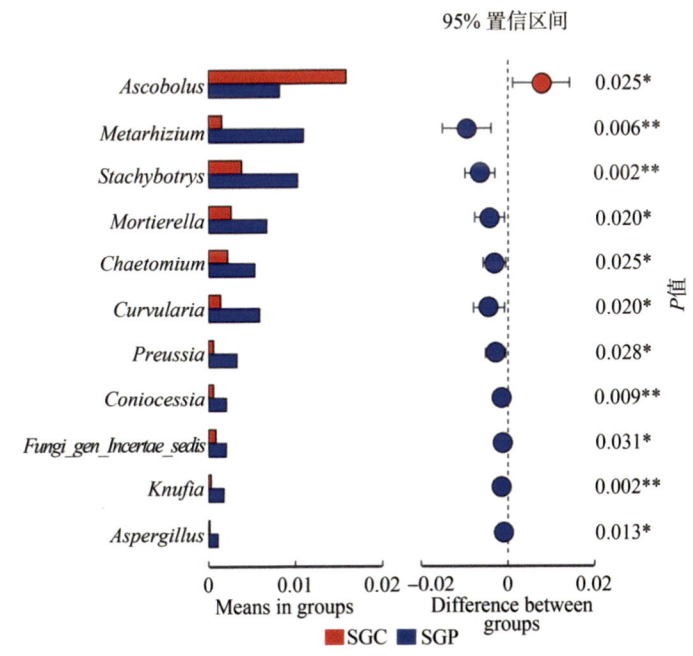

图 5.12 灰绿碱蓬对照区和磷处理区根际土壤真菌菌群结构比较（属）

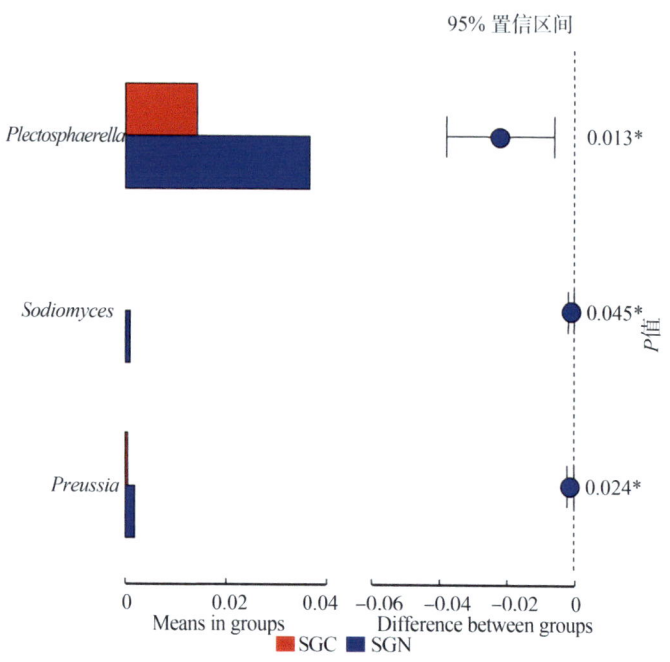

图 5.13 灰绿碱蓬对照区和氮处理区根际土壤真菌菌群结构比较（属）

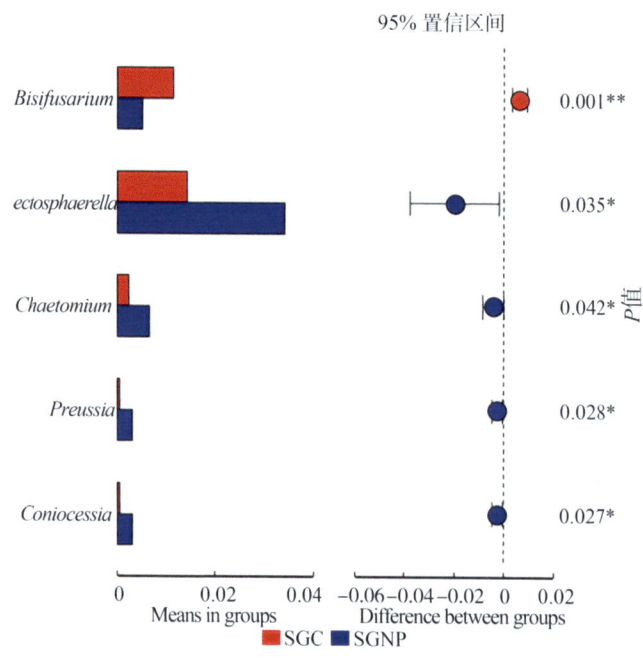

图 5.14 灰绿碱蓬对照区和氮磷处理区根际土壤真菌菌群结构比较（属）

如图 5.15 所示，灰绿碱蓬根际土壤样品组间真菌 Shannon 多样性指数，灰绿碱蓬磷处理区（SGP）和氮磷处理区（SGNP）根际土壤细菌多样性指数显著高于对照区（SGC）（$P < 0.05$），磷处理区（SGP）和对照区（SGC）比较有极显著差异（$P < 0.001$），磷处理区（SGP）的 Shannon 多样性指数显著高于氮处理区（$P < 0.01$），氮处理区（SGN）和对照区（SGC）之间无显著差异。磷肥能有效提高灰绿碱蓬根际土壤真菌多样性。

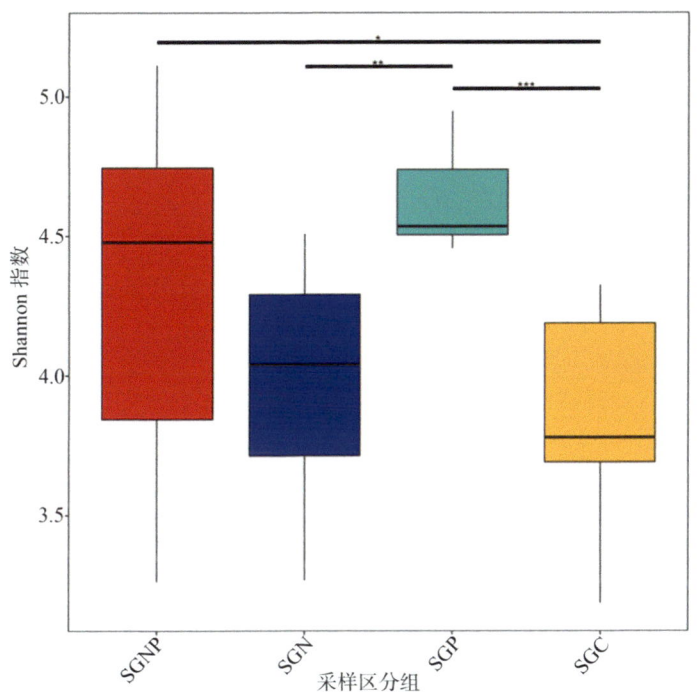

图 5.15　灰绿碱蓬根际土壤样品组间真菌群落 Shannon 多样性指数

如图 5.16 所示，从属水平上对灰绿碱蓬根际土壤真菌和土壤理化性质进行 dbRDA 分析，横轴和纵轴对各土壤样品真菌群落组成差异的贡献值分别为 46.44% 和 20.47%，两者可解释 66.91% 的方差变异。其中，土壤含盐量、土壤 pH 值、硝态氮、铵态氮与 dbRDA 轴 I 呈正相关；土壤有机碳、速效磷与 dbRDA 轴 I 呈负相关；经 dbRDA 分析，pH 值（$R^2=0.153\ 1$，$P=0.111\ 9$）、TDS（$R^2=0.199\ 6$，$P=0.068\ 4$）、速效磷（$R^2=0.233\ 52$，$P=0.006\ 4$）、硝态氮（$R^2=0.037\ 6$，$P=0.626\ 6$）、有机碳（$R^2=0.034\ 1$，$P=0.641\ 1$）、铵态氮（R^2=0.089 3，P=0.292 8），其中，速效磷与根际土壤真菌群落相关性显著，是影响灰绿碱蓬根际土壤真菌群落结构的重要环境因子。

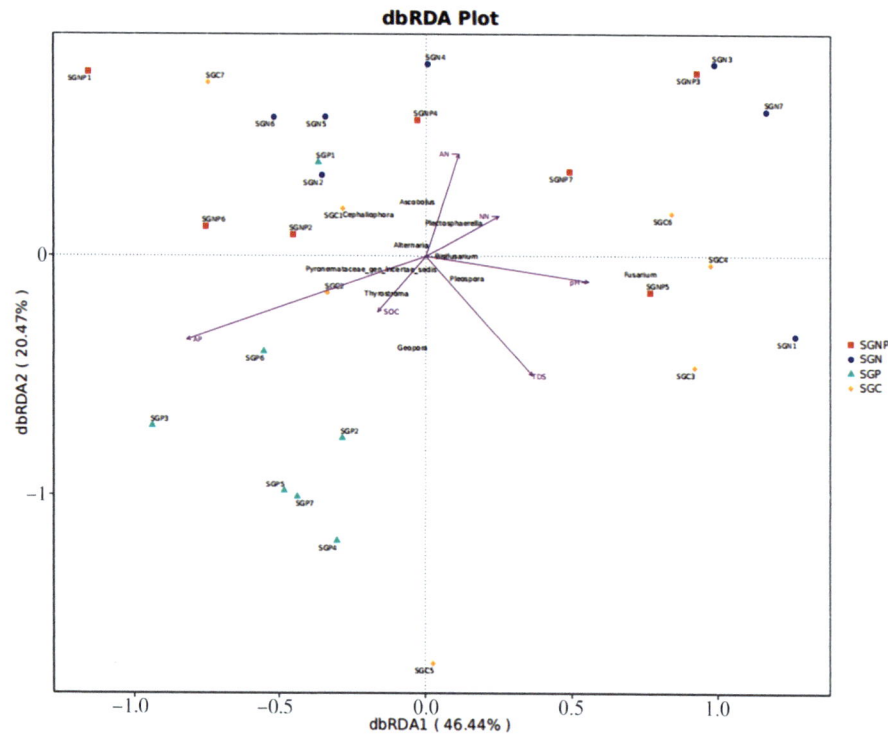

图 5.16 灰绿碱蓬根际土壤样品间真菌群落与环境因子间的 RDA 分析

5.4 施肥对盐地碱蓬根际土壤细菌及真菌多样性影响

如图 5.17 所示，不同施肥区及对照区盐地碱蓬根际土壤细菌中前 10 优势属为 *RB41*、*Sphingomonas*、*Halomonas*、*Listeria*、*Pseudomonas*、*Nocardioides*、*Gemmatimonas*、*Rubrobacter*、*unidentified_Vicinamibacterales*、*Subgroup_10*。其中，*RB41*、*Sphingomonas* 的占比较高。前 10 优势属在盐地碱蓬对照区（SSC）、盐地碱蓬氮处理区（SSN）、盐地碱蓬氮磷处理区（SSNP）及盐地碱蓬磷处理区（SSP）占比分别为 16.1%、16%、15.2% 及 13.8%。如图 5.18 所示，盐地碱蓬根际土壤样品组间细菌 Shannon 多样性指数，为盐地碱蓬磷处理区（SSP）物种多样性指数最高，与盐地碱蓬氮磷处理区（SSNP）和盐地碱蓬氮处理区（SSN）间无显著差异（$P > 0.05$），与盐地碱蓬对照区（SSC）间差异显著（$P < 0.05$）。

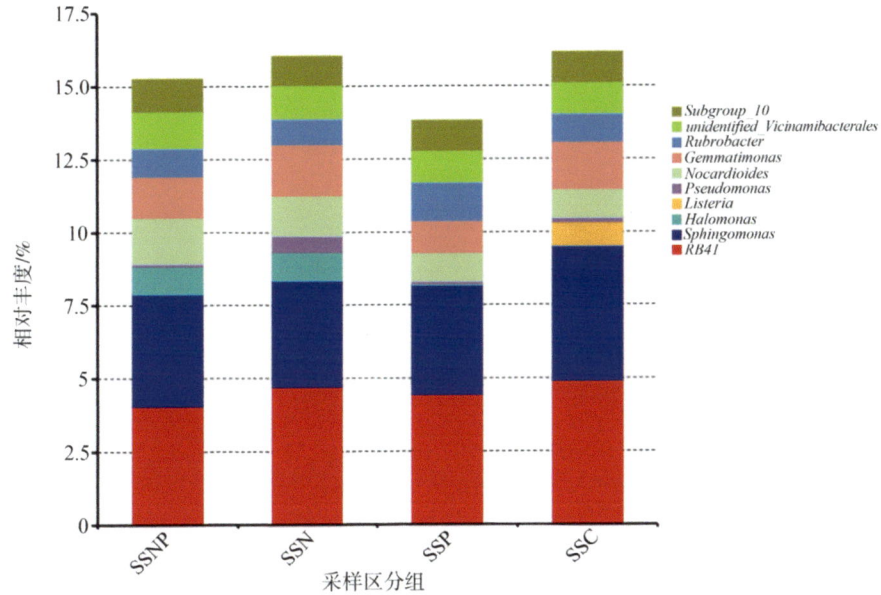

图5.17　盐地碱蓬根际土壤样品细菌菌群属水平丰度分布图（前10）

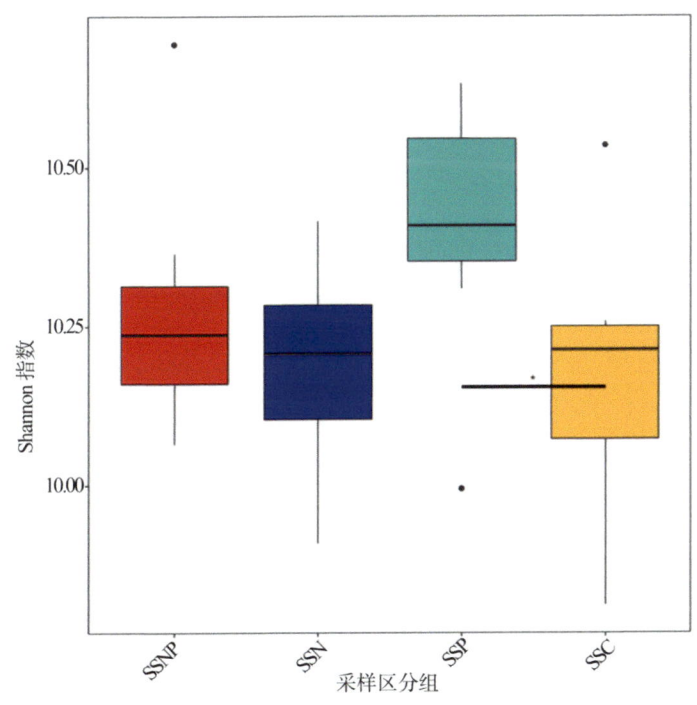

图5.18　盐地碱蓬根际土壤样品组间细菌群落Shannon多样性指数

盐地碱蓬对照区（SSC）和磷处理区（SSP）之间5个细菌菌属（*Ellin6067*、*Terrimonas*、*Bryobacter*、*Devosia*、*Flavitalea*）的相对丰度有显著差异（$P<0.05$），磷处理区的*Bryobacter*和*Devosia*属丰度显著高于对照组（$P<0.05$），*Ellin6067*、*Terrimonas*、*Flavitalea*属丰度显著低于对照组（图5.19）；盐地碱蓬对照区（SSC）和氮处理区（SSN）之间25个细菌菌属间有显著差异（$P<0.05$），其中，氮处理区（SSN）的*Longimicrobium*、*Rubellimicrobium*、*Llumatobacter*、*Gemmata*、*Rhodocytophaga*、*Cellulomonas*、*Devosia*、*Unidentified_Rhodanobacteraceae*、*Luteitalea*、*Aiiorhizobium-Neorhizobium*属丰度显著高于对照组（$P<0.05$），*Altererythrobacter*、*Escherichia-Shigella*、*Gaiella Haliangium*、*unidentified_Gemmatimonadaceae*、*UTBCD1*、*Novosphingobium*、*Stenotrophobacter*、*Ellin517*、*AKYG587*、*JGI_0001001-H03*、*Polycyclovorans Opitutus*属丰度显著低于对照组（$P<0.05$）（图5.20）。盐地碱蓬对照区（SSC）和氮磷处理区（SSNP）之间12个细菌菌属的相对丰度有显著差异（$P<0.05$），氮磷处理区（SSNP）的*Nocardioides*、*llumatobacter*、*Devosia*、*OLB13*、*Marmoricola*属丰度显著高于对照区（$P<0.05$），*Ellin6067*、*Blastocatella*、*Stenotrophobacter*、*Ellin517*、*JGI_00010001-H03*、*Opitutus*、*Polycyclovorans*属丰度显著低于对照区（$P<0.05$）（图5.21）。

如图5.22所示，从属水平上对盐地碱蓬根际土壤细菌和土壤理化性质进行dbRDA分析，横轴和纵轴对各土壤样品细菌群落组成差异的贡献值分别为57.4%和21.15%，两者可解释78.55%的方差变异。其中，土壤含盐量、土壤pH值、氨态氮与dbRDA轴Ⅰ呈正相关；土壤有机碳、速效磷、硝态氮与dbRDA轴Ⅰ呈负相关；dbRDA分析，pH值（$R^2=0.147\,75$，$P=0.134\,43$）、TDS（$R^2=0.147\,15$，$P=0.143\,42$）、速效磷（$R^2=0.385\,41$，$P=0.003\,99$）、硝态氮（$R^2=0.228\,36$，$P=0.039\,48$）、有机碳（$R^2=0.390\,53$，$P=0.001\,49$）、铵态氮（$R^2=0.412\,12$，$P=0.001\,49$），其中，速效磷、硝态氮、铵态氮和有机碳与盐地碱蓬根际土壤细菌群落相关性显著，是影响盐地碱蓬根际土壤细菌群落结构的重要环境因子。

5 施肥对碱蓬属植物根际土壤微生物多样性影响

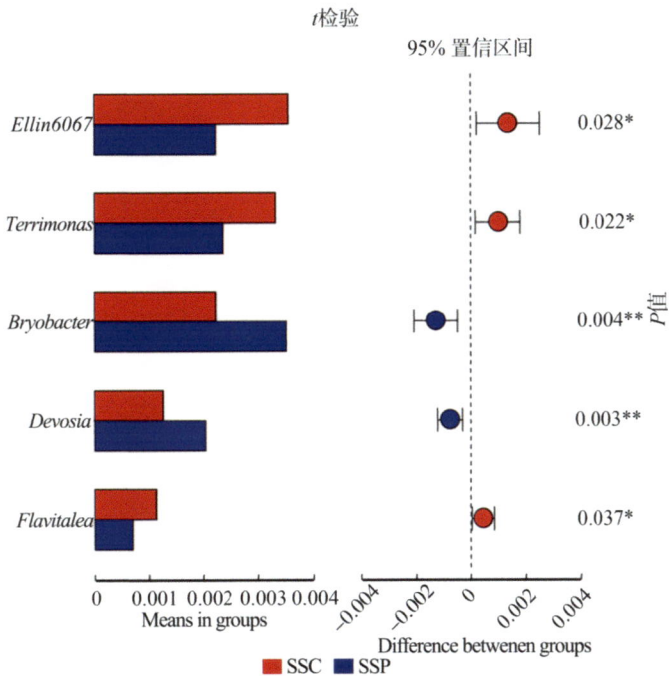

图 5.19　盐地碱蓬对照区和磷处理区根际土壤真菌菌群结构比较（属）

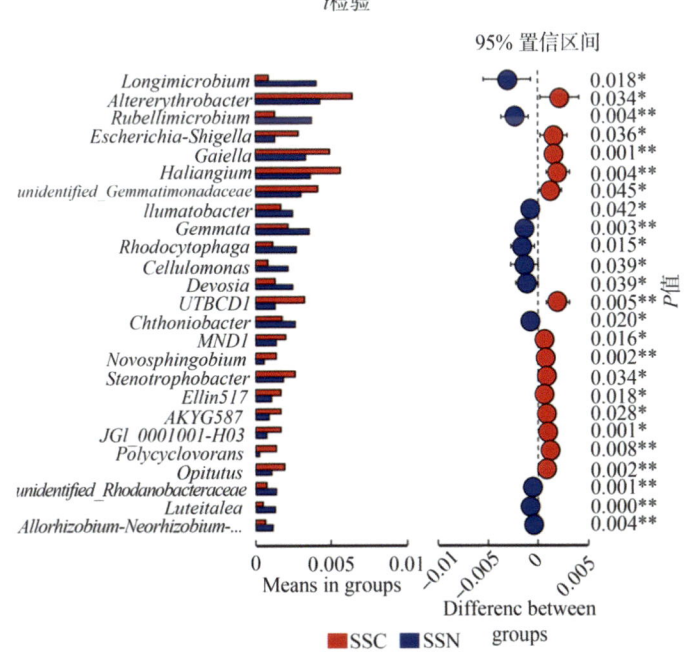

图 5.20　盐地碱蓬对照区和氮处理区根际土壤细菌菌群结构比较（属）

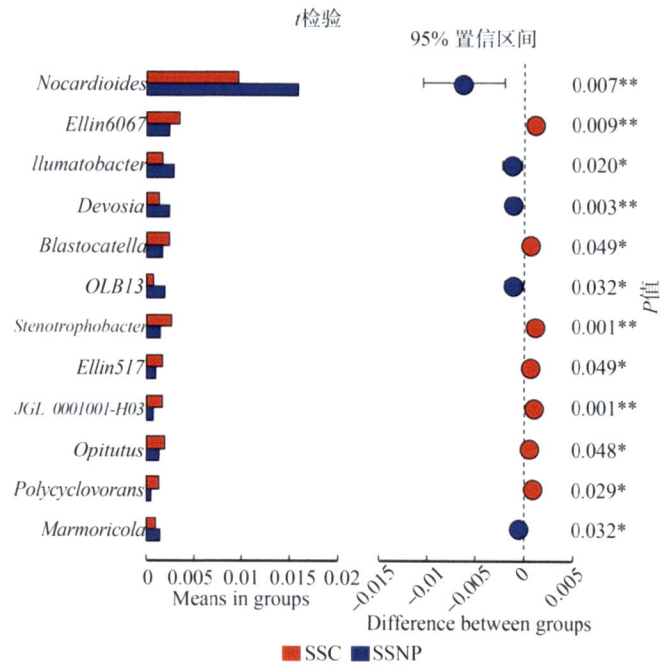

图 5.21 盐地碱蓬对照区和氮磷处理区根际土壤细菌菌群结构比较（属）

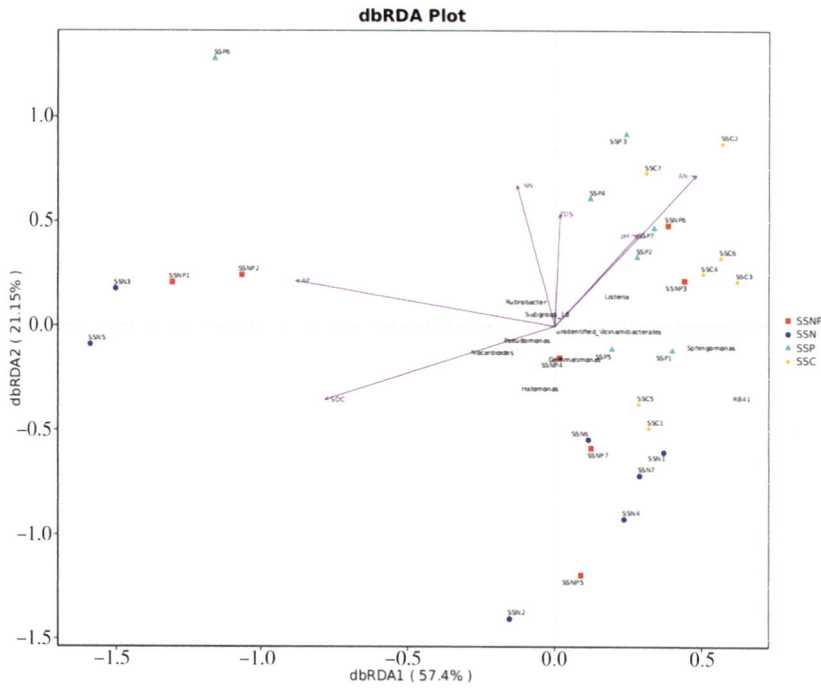

图 5.22 盐地碱蓬根际土壤样品间细菌群落与环境因子间的 RDA 分析

如图 5.23 所示，不同施肥区及对照区盐地碱蓬根际土壤真菌中前 10 优势属为 *Lectera*、*Erysiphe*、*Mortierellales_gen_incertae_sedis*、*Psathyrella*、*Plectosphaerella*、*Pyronemataceae_gen_Incertae_sedis*、*Cephaliophora*、*Heydenia*、*Pleospora*、*Fusarium*。其中，*Cephaliophora*、*Heydenia*、*Pleospora*、*Fusarium* 的占比较高。前 10 优势属在盐地碱蓬对照区（SSC）、盐地碱蓬氮处理区（SSN）、盐地碱蓬氮磷处理区（SSNP）及盐地碱蓬磷处理区（SSP）真菌丰度占比分别为 66.7%、76.1%、74.7%、69.8%。图 5.24 为盐地碱蓬根际土壤样品组间真菌 Shannon 多样性指数，盐地碱蓬磷处理区（SSP）物种多样性指数最高，但与盐地碱蓬氮磷处理区（SSNP）、盐地碱蓬氮处理区（SSN）及盐地碱蓬对照区（SSC）间无显著差异（$P > 0.05$）。

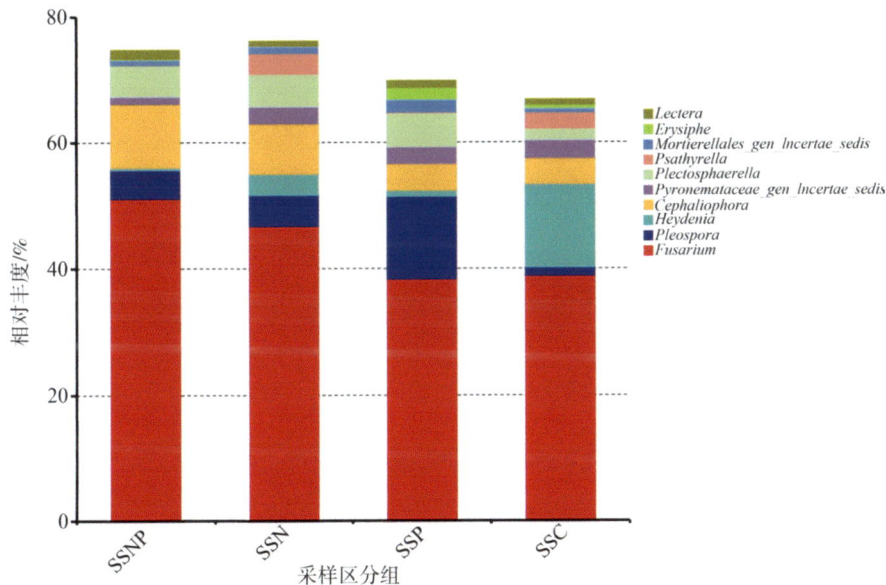

图 5.23 盐地碱蓬根际土壤样品真菌菌群属水平丰度分布图（前 10）

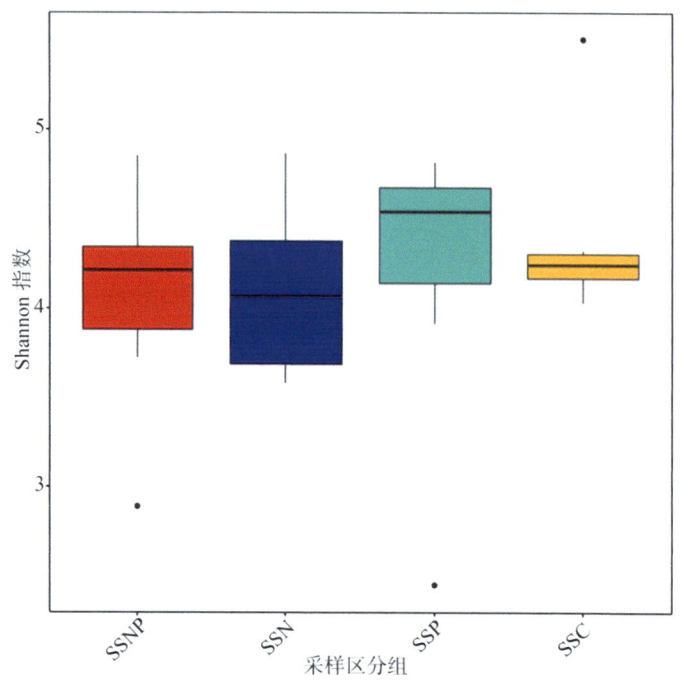

图 5.24 盐地碱蓬根际土壤样品组间真菌群落 Shannon 多样性指数

盐地碱蓬对照区（SSC）和磷处理区（SSP）之间 3 个真菌菌属的相对丰度有显著差异（$P < 0.05$），磷处理区（SSP）的 *Enterocarpus* 丰度显著高于对照区（$P < 0.05$），*Neocosmospora*、*Striatibotrys* 丰度显著低于对照区（$P < 0.05$）（图 5.25）。盐地碱蓬对照区（SSC）和氮处理区（SSN）之间 5 个真菌菌属的相对丰度有显著差异（$P < 0.05$），氮处理区（SSN）的 *Plectosphaerella* 丰度显著高于对照区（$P < 0.05$），*Acrophialophora*、*Chaeomium*、*Arachnomyces*、*Striatibotrys* 丰度显著低于对照区（$P < 0.05$）（图 5.26）。盐地碱蓬对照区（SSC）和氮磷处理区（SSNP）之间 5 个真菌菌属的相对丰度有显著差异（$P < 0.05$），氮磷处理区（SSNP）的 *Fusarium*、*Cephaliophora* 丰度显著高于对照区（$P < 0.05$），*Acrophialophora*、*Striatibotrys*、*Penicillium* 丰度显著低于对照区（$P < 0.05$）（图 5.27）。

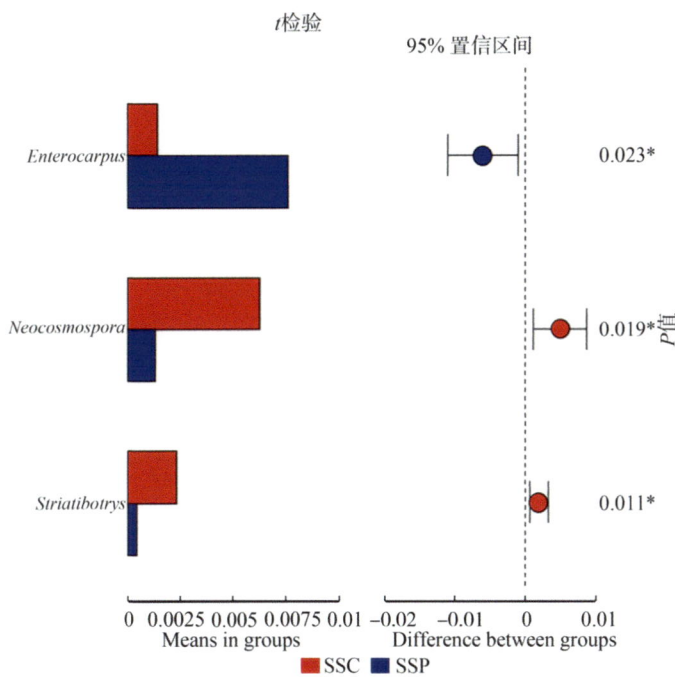

图 5.25　盐地碱蓬对照区和磷处理区根际土壤真菌菌群结构比较（属）

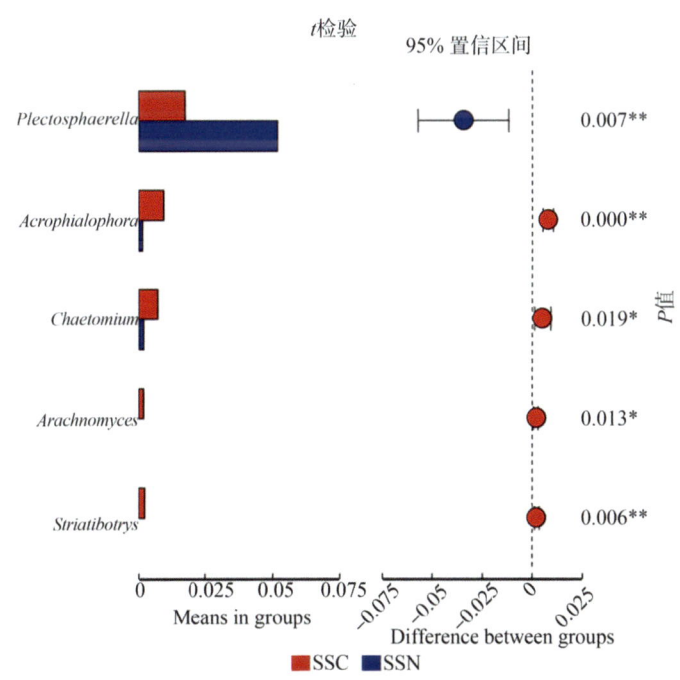

图 5.26　盐地碱蓬对照区和氮处理区根际土壤真菌菌群结构比较（属）

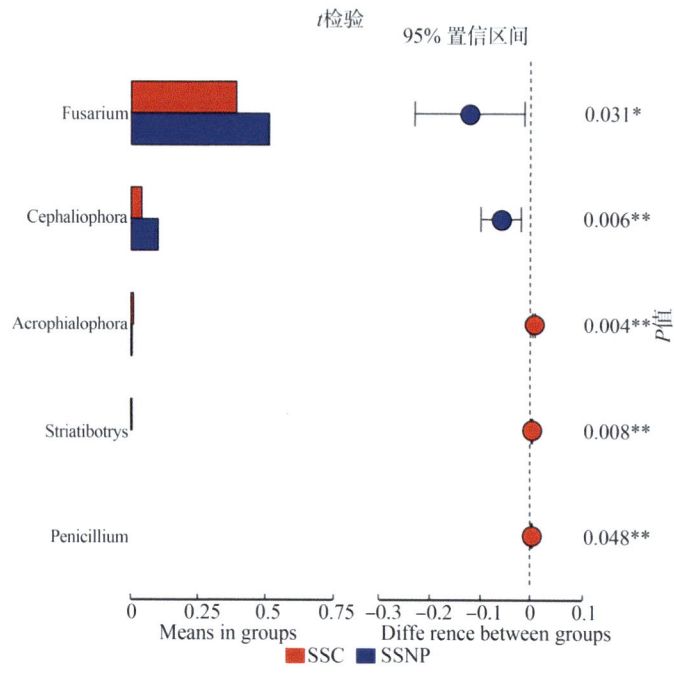

图 5.27　盐地碱蓬对照区和氮磷处理区根际土壤真菌菌群结构比较（属）

如图 5.28 所示，从属水平上对盐地碱蓬根际土壤真菌和土壤理化性质进行 dbRDA 分析，横轴和纵轴对各土壤样品真菌群落组成差异的贡献值分别为 38.89% 和 28.99%，两者可解释 67.88% 的方差变异。其中，土壤含盐量、土壤 pH 值与 dbRDA 轴 I 呈正相关；土壤有机碳、速效磷、铵态氮、硝态氮与 dbRDA 轴 I 呈负相关；dbRDA 分析，pH 值（R^2=0.272 51，P=0.026 48）、TDS（R^2=0.093 09，P=0.332 33）、速效磷（R^2=0.318 28，P=0.015 99）、硝态氮（R^2=0.248 98，P=0.028 98）、有机碳（R^2=0.306 823，P=0.013 99）、铵态氮（R^2=0.078 47，P=0.379 31），其中，土壤 pH 值、速效磷、硝态氮和有机碳与盐地碱蓬根际土壤真菌菌群相关性显著，是影响盐地碱蓬根际土壤真菌菌群结构的重要环境因子。

5.5　灰绿碱蓬连作及轮作对土壤微生物多样性影响

试验地在内蒙古自治区锡林浩特市苏尼特右旗中国农业科学院草原研究所荒漠草原试验基地（42°46′N，112°40′E），2024 年 6 月 1 日，在 2023 年

5 施肥对碱蓬属植物根际土壤微生物多样性影响

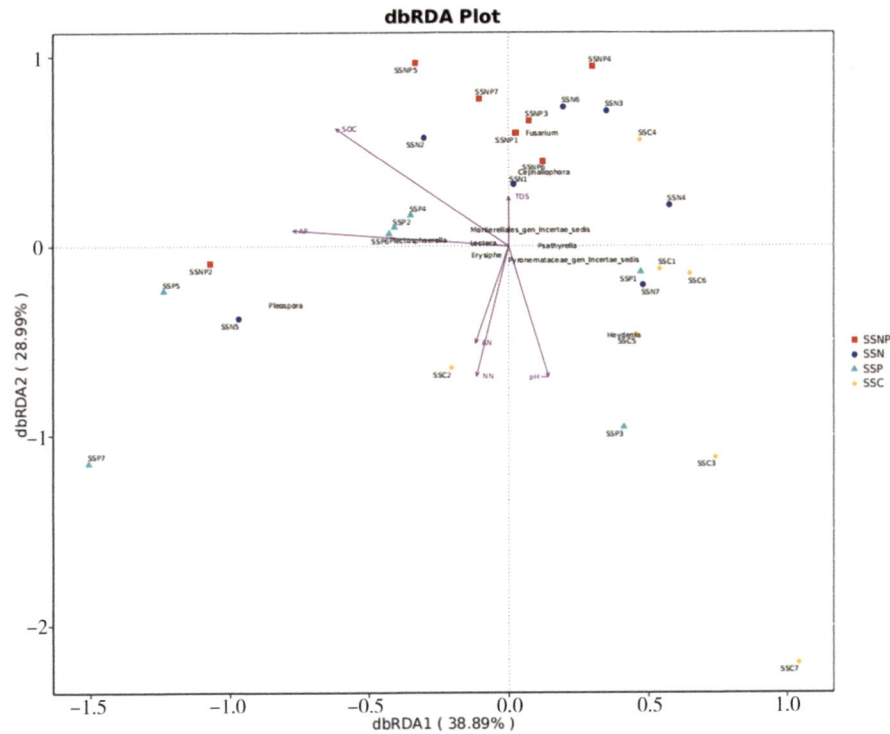

图 5.28 盐地碱蓬根际土壤样品间真菌群落与环境因子间的 RDA 分析

在种植灰绿碱蓬及盐地碱蓬的试验样地上进行灰绿碱蓬连作和轮作，试验处理和施肥与 2023 年保持一致。主要观测连作和轮作后对土壤微生物变化。

灰绿碱蓬连作及轮作对根际土壤细菌多样性影响：如图 5.29 所示，在原位连作后不同施肥区及对照区灰绿碱蓬根际土壤中前 10 优势属为 *norank_f_Vicinamibacteraceae*、*norank_o_Vicinamibacterales*、*Rubrobacter*、*norank_f_A4b*、*RB41*、*Bacillus*、*unclassified_f_Micrococcaceae*、*norank_o_SBR1031*、*norank_f_Gemmatimonadaceae*、*Sphingomonas*。前 10 优势属在原位连作灰绿碱蓬对照区（SGC）、氮处理区（SGN）、氮磷处理区（SGNP）及磷处理区（SGP）细菌相对丰度占比分别为 36.7%、31%、34.1%、32.88%。如图 5.30 所示，与盐地碱蓬轮作后不同施肥区及对照区灰绿碱蓬根际土壤中前 10 优势属为 *norank_f_Vicinamibacteraceae*、*norank_o_Vicinamibacterales*、*Rubrobacter*、*Bacillus*、*RB41*、*Sphingomonas*、*norank_f_A4b*、*unclassified_f_Micrococcaceae*、

·103·

unclassified_f_Blastocatellaceae、norank_f_Gemmatimonadaceae。前 10 优势属在轮作后灰绿碱蓬对照区（SSGC）、氮处理区（SSGN）、氮磷处理区（SSGNP）及磷处理区（SSGP）细菌相对丰度占比分别为 34.2%、39.1%、37.2%、34.6%。

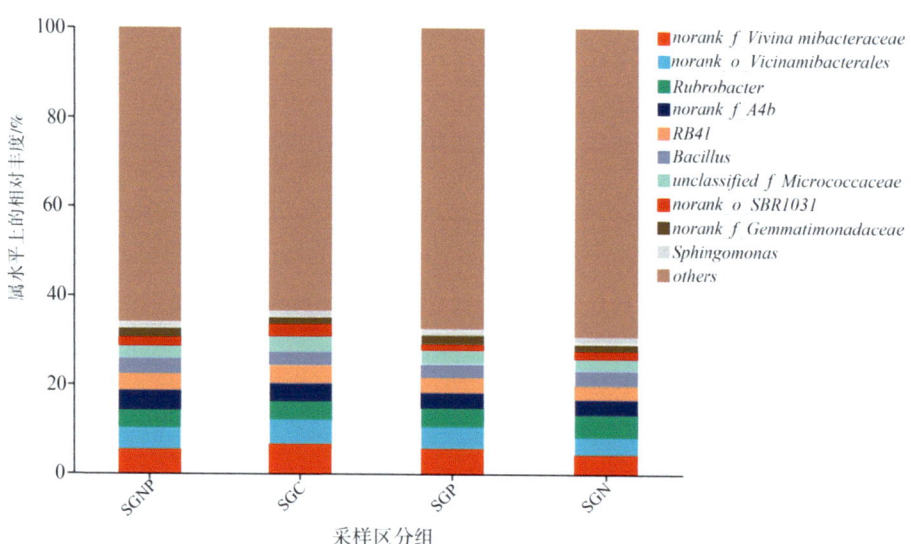

图 5.29 灰绿碱蓬连作根际土壤样品细菌菌群属水平丰度分布图（前 10）

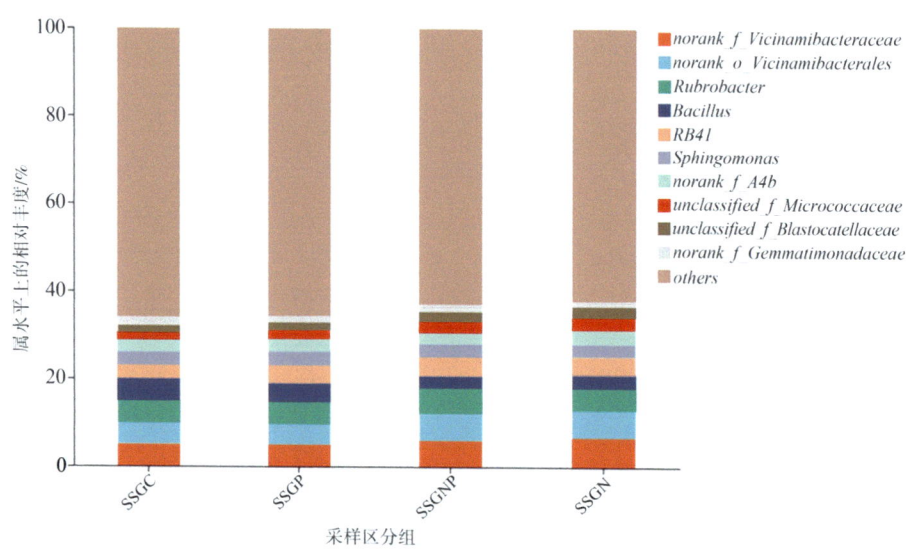

图 5.30 灰绿碱蓬轮作根际土壤样品细菌菌群属水平丰度分布图（前 10）

5 施肥对碱蓬属植物根际土壤微生物多样性影响

如图 5.31 所示,利用组间差异检验,不同组间物种相对丰度。灰绿碱蓬原位连作后不同处理区组间在属水平上有显著差异主要菌属 norank_f_Gemmatimonadaceae、norank_f_JG30-KF-CM45、norank_o_S085、norank_o_11-24、norank_f_Xanthobactera、Rhodomicrobium、norank_f_Ardenticatenac、Nordella、Halocella、Gemmatimonas。如图 5.32 所示,灰绿碱蓬轮作后不同处理区组间在属水平上有显著差异主要菌属 norank_f_JG30-KF-CM45、Nocardioides、Lysinibacillus、norank_f_LWQ8、Turicibacter、Sporosarcina、Noviherbaspirillum、Luedemannella、norank_f_Rhodanobacte、Aeromicrobium。

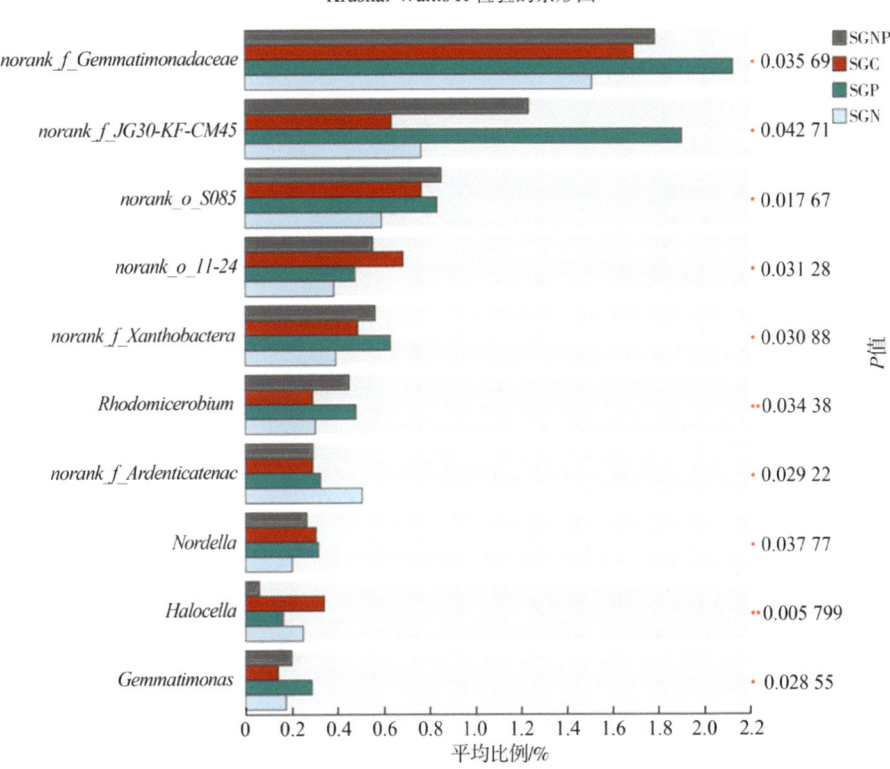

图 5.31 连作区不同施肥处理组间根际土壤细菌群落相对丰度比较（属）

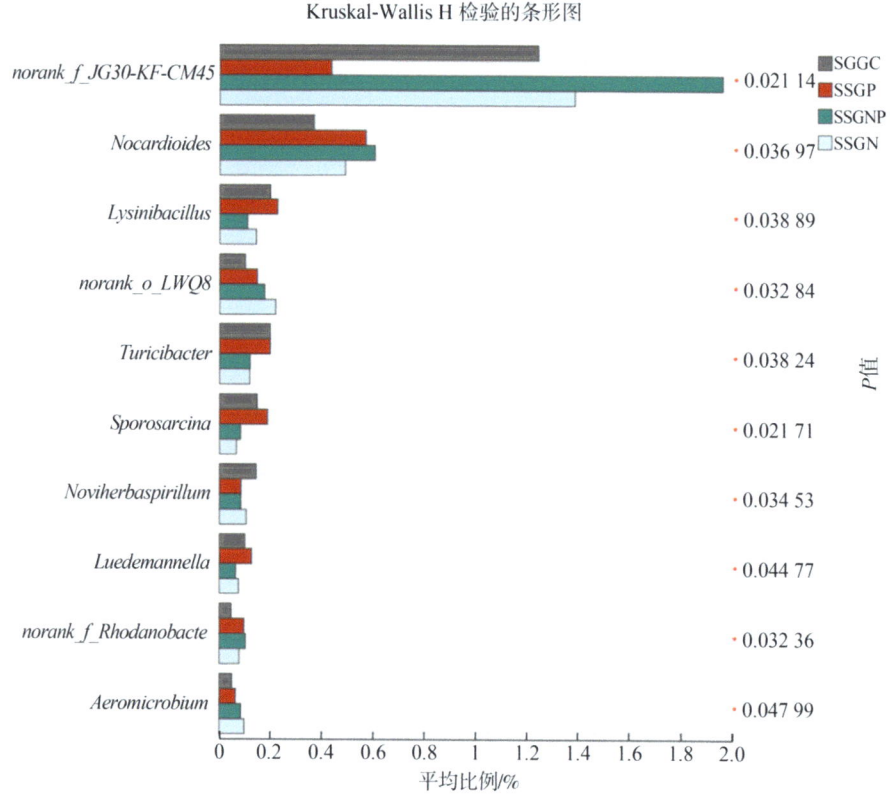

图 5.32 轮作区不同施肥处理组间根际土壤细菌相对丰度比较（属）

如图 5.33 和图 5.34 所示，基于 Bray–Curtis 建立土壤样品间的非相似矩阵，利用非度量多维尺度分析（NMDS）灰绿碱蓬连作与轮作土壤样品细菌群落结构组成的差异性。连作后灰绿碱蓬各处理区对照区（SGC）、氮磷处理区（SGNP）、氮处理区（SGN）和磷处理区（SGP）；轮作对照区（SSGC）、氮磷处理区（SSGNP）、氮处理区（SSGN）和磷处理区（SSGP）的细菌菌群结构差异较大，Stress 值均小于 0.2，说明 NMDS 分析可以准确反映样品间的细菌差异程度。

5 施肥对碱蓬属植物根际土壤微生物多样性影响

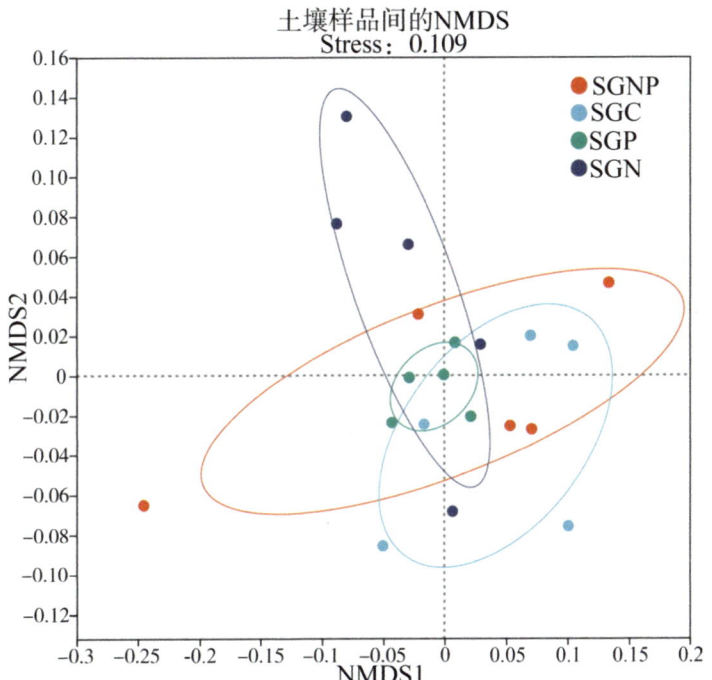

图 5.33 连作土壤样品组间 NMDS 分析（细菌）

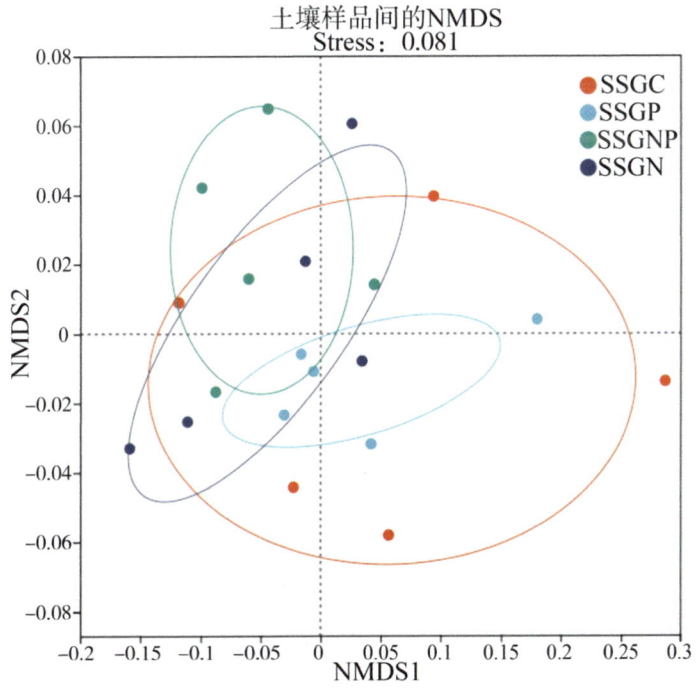

图 5.34 轮作土壤样品组间 NMDS 分析（细菌）

如图 5.35 和图 5.36 所示，连作及轮作灰绿碱蓬后根际土壤样品组间细菌 α 多样性指数，灰绿碱蓬连作后氮磷处理区（SGNP）以及氮处理区（SGN）物种丰富度指数显著高于对照区（SGC）（$P < 0.01$），其中氮处理区（SGN）丰富度指数最高。轮作后氮磷处理区（SSGNP）物种丰富度指数最高，但各处理区之间无显著差异（$P > 0.05$）。

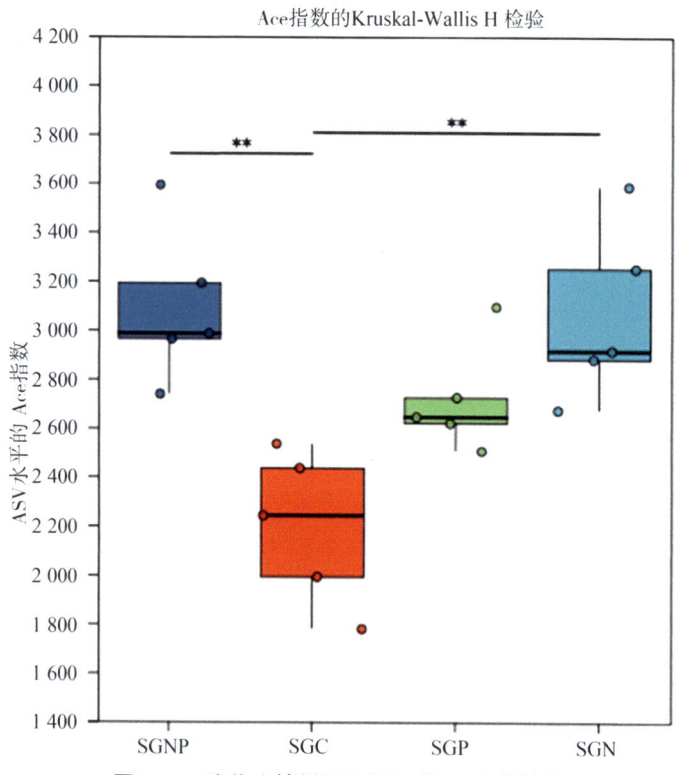

图 5.35 连作土壤样品组间细菌 α 多样性指数

5 施肥对碱蓬属植物根际土壤微生物多样性影响

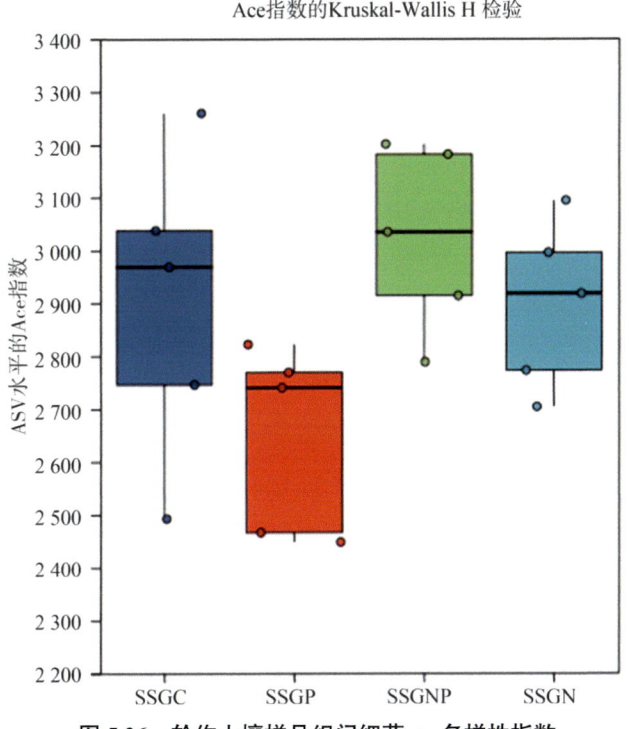

图 5.36 轮作土壤样品组间细菌 α 多样性指数

灰绿碱蓬连作及轮作对根际土壤真菌多样性影响：如图 5.37 所示，在原位连作后不同施肥区及对照区灰绿碱蓬根际土壤中前 10 优势属为 *Fusarium*、*Phaeomycocentrospora*、*unclassified_f_Pyronemataceae*、*Cephaliophora*、*Plectosphaerella*、*unclassified_k_Fungi*、*Neocamarosporium*、*Fungi_gen_Incertae_sedis*、*Geopora*、*Preussia*。前 10 优势属在原位连作灰绿碱蓬对照区（SGC）、氮处理区（SGN）、氮磷处理区（SGNP）及磷处理区（SGP）真菌相对丰度占比分别为 47.3%、51.4%、49.2%、47.3%。如图 5.38 所示，灰绿碱蓬与盐地碱蓬轮作后不同施肥区及对照区灰绿碱蓬根际土壤中前 10 优势属为 *Fusarium*、*Phaeomycocentrospora*、*Cephaliophora*、*Plectosphaerella*、*Botryotrichum*、*unclassified_k_Fungi*、*Preussia*、*Alternaria*、*unclassified_f_Didymellaceae*、*Neocosmospora*。前 10 优势属在轮作后灰绿碱蓬对照区（SSGC）、氮处理区（SSGN）、氮磷处理区（SSGNP）及磷处理区（SSGP）真菌相对丰度占比分别为 43.3%、49%、56.7%、51.9%。

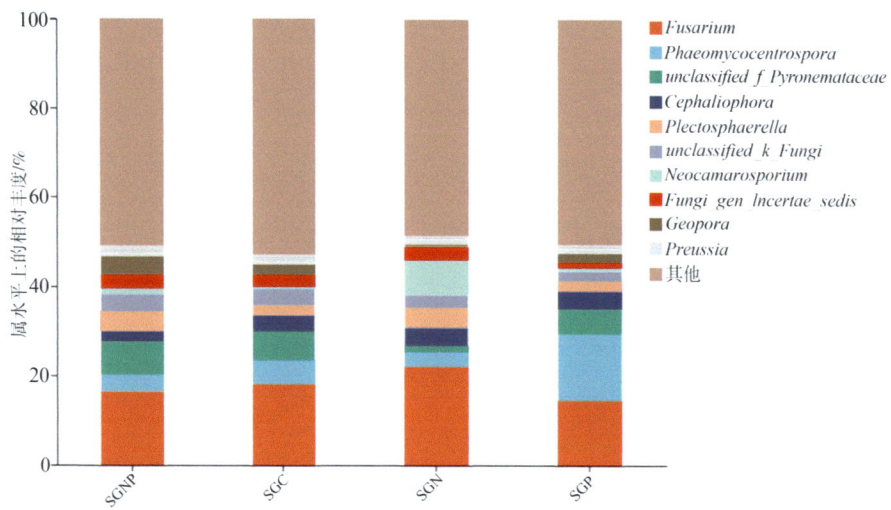

图 5.37　灰绿碱蓬连作根际土壤样品真菌菌群属水平丰度分布图（前 10）

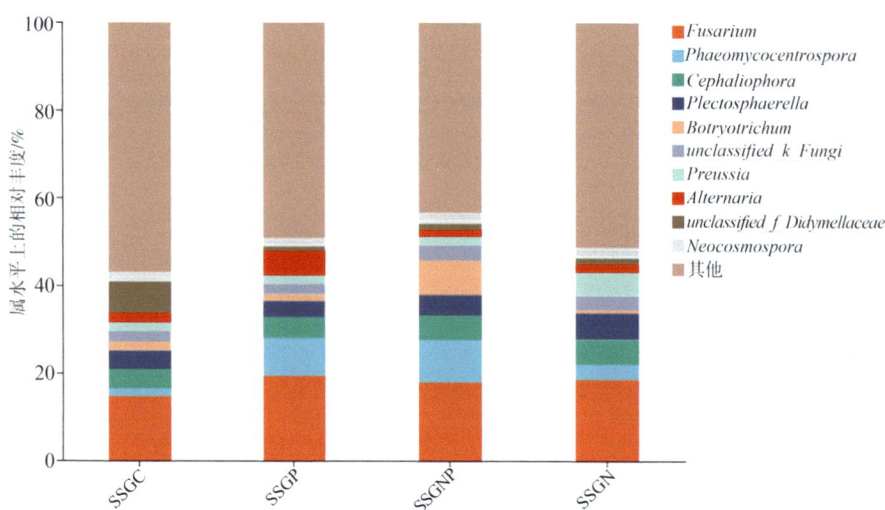

图 5.38　灰绿碱蓬轮作根际土壤样品真菌菌群属水平丰度分布图（前 10）

如图 5.39 和图 5.40 所示，利用组间差异检验，分析不同组间物种相对丰度。灰绿碱蓬原位连作后不同处理区组间真菌在属水平上有显著差异主要菌属 *Plectosphaerella*、*Neocamarosporium*、*Metarhizium*、*Coprinellus*、*Mortierella*、*Penicillium*、*Lectera*、*Mortierellaceae*-gen_Incer、*Acaulium*、*Pithoascus*。灰绿碱蓬轮作后不同处理区组间真菌在属水平上有显著差异主要菌属 *Phaeomycocentrospora*、*Acrophialophora*、

Mortierella、*Arachnomyces*、*Pithoascus*、*Acaulium*、*Podospora*、*Geopora*、*Mortierellaceae_gen_Incer*、*Gibellulopsis*。在连作区氮处理区（SGN）*Neocamarosporium* 属真菌平均丰度为最高，在轮作区磷处理区（SSGP）和氮磷处理区（SSGNP）前 10 优势真菌属均显示出较高丰度。

如图 5.41 和图 5.42 所示，基于 Bray-Curtis 建立土壤样品间的非相似矩阵，利用非度量多维尺度分析（NMDS）灰绿碱蓬连作与轮作土壤样品真菌菌群结构组成的差异性。连作后灰绿碱蓬各处理区对照区（SGC）、氮磷处理区（SGNP）、氮处理区（SGN）和磷处理区（SGP）；以及轮作对照区（SSGC）、氮磷处理区（SSGNP）、氮处理区（SSGN）和磷处理区（SSGP）的真菌菌群结构差异较大，Stress 值均小于 0.2，说明 NMDS 分析可以准确反映样品间的真菌差异程度。

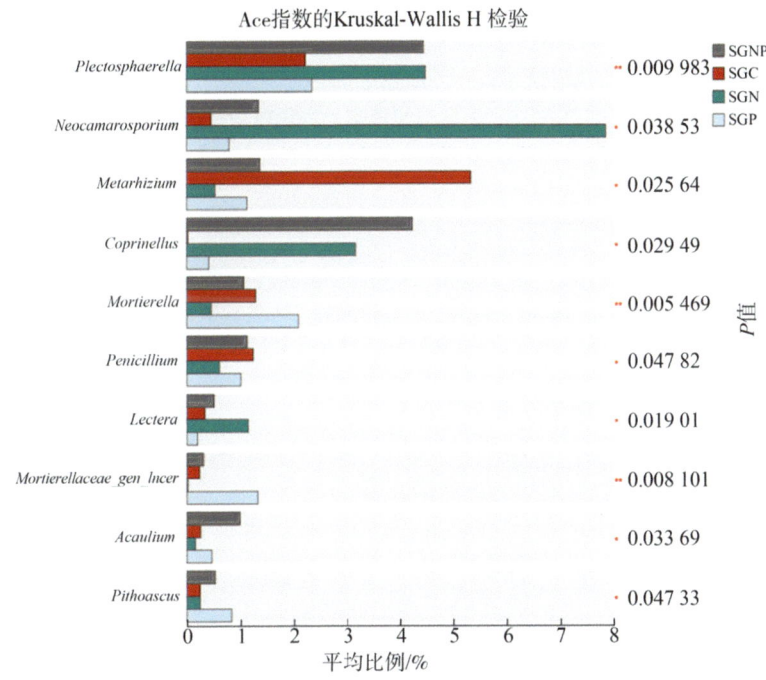

图 5.39 连作区不同施肥处理组间根际土壤真菌相对丰度比较（属）

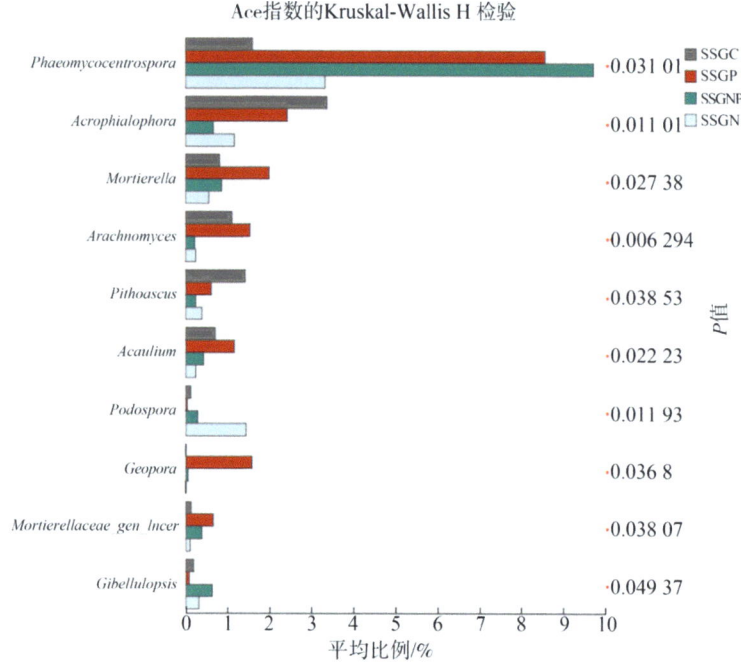

图 5.40 轮作区不同施肥处理组间根际土壤真菌相对丰度比较（属）

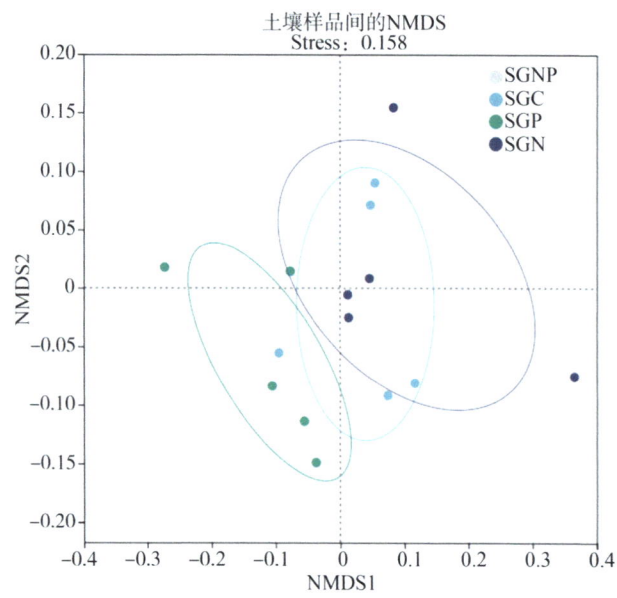

图 5.41 连作区土壤样品组间 NMDS 分析（真菌）

5 施肥对碱蓬属植物根际土壤微生物多样性影响

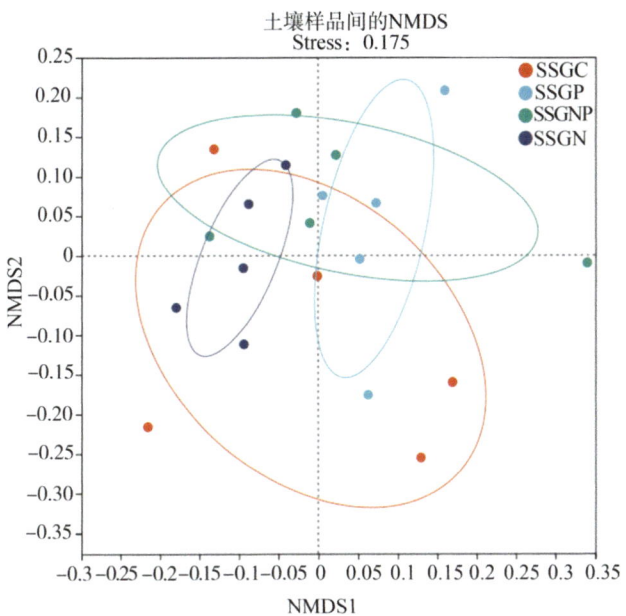

图 5.42　轮作区土壤样品组间 NMDS 分析（真菌）

如图 5.43 和图 5.44 所示，连作及轮作灰绿碱蓬后根际土壤样品组间真菌 α 多样性指数，灰绿碱蓬连作后磷处理区（SGP）物种丰富度指数高于其他 3 个处理区，但无显著差异。轮作后氮磷处理区（SSGNP）物种丰富度指数最高，但各处理区之间无显著差异（$P > 0.05$）。

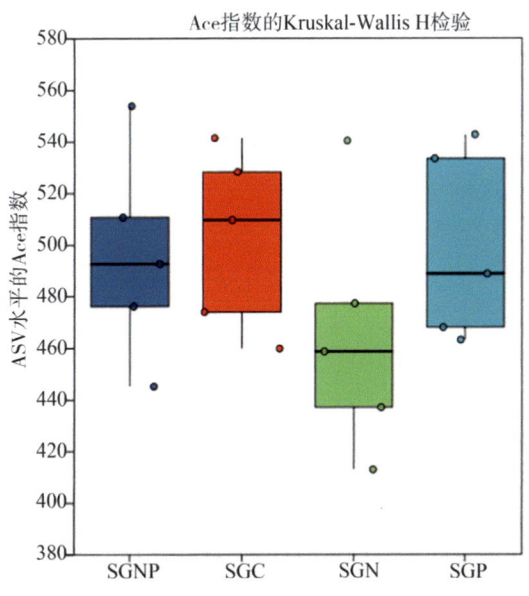

图 5.43　连作土壤样品组间真菌 α 多样性指数

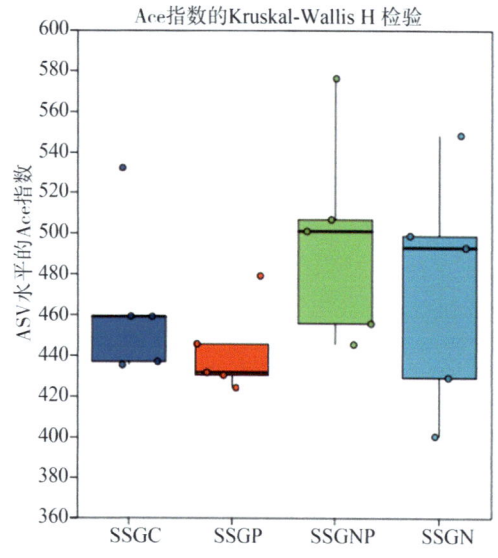

图 5.44 轮作土壤样品组间真菌 α 多样性指数

5.6 结论

（1）氮肥及氮磷处理会显著促进盐生先锋植物灰绿碱蓬地上生物量，对盐地碱蓬无显著影响，对氮磷有明显种间差异。灰绿碱蓬各处理区中根际土壤中优势细菌菌属为酸杆菌属（*RB41*）及鞘氨醇单胞菌（*Sphingomonas*），施磷及施氮磷会显著促进土壤根际细菌丰度，土壤盐分是影响灰绿碱蓬土壤根际细菌菌群的重要环境因子（$P < 0.05$）；灰绿碱蓬根际土壤中优势真菌菌属为镰孢霉属（*Fusarium*），施磷及施氮磷会显著促进土壤根际真菌丰度，磷肥能有效提高灰绿碱蓬根际土壤真菌多样性，速效磷与根际土壤真菌群落相关性显著（$P < 0.05$），是影响灰绿碱蓬根际土壤真菌群落结构的重要环境因子。

（2）盐地碱蓬各处理区中根际土壤中优势细菌菌属为 *RB41*、*Sphingomonas*，盐地碱蓬磷处理区根际土壤物种多样性指数最高，与盐地碱蓬对照区间差异显著（$P < 0.05$），土壤速效磷、硝态氮、铵态氮和有机碳与盐地碱蓬根际土壤细菌群落相关性显著（$P < 0.05$），是影响盐地碱蓬根际土壤细菌群落结构的重要环境因子；盐地碱蓬根际土壤中优势真菌菌属为 *Fusarium*，盐地碱蓬

各处理区根际土壤物种多样性无显著差异（$P > 0.05$），土壤 pH 值、速效磷、硝态氮和有机碳与盐地碱蓬根际土壤真菌菌群相关性显著（$P < 0.05$），是影响盐地碱蓬根际土壤真菌菌群结构的重要环境因子。

（3）在灰绿碱蓬和盐地碱蓬种植样地进行灰绿碱蓬连作和轮作后，根际土壤细菌丰度增加，真菌丰度降低。

6 耐盐牧草品种间根际土壤微生物多样性

植物根际土壤微生物参与调节土壤养分循环,并对土壤生态系统的稳定、土壤肥力保持方面具有至关重要的作用。而不同的植物种类会导致根际土壤微生物群落及养分发生变化,从而对植物生长及土壤微生物产生较大影响。因此,研究不同种类植物的土壤微生物群落多样性变化,对于牧草的种植和改良具有一定意义。本研究供试耐盐牧草8种,分别为灰绿碱蓬、高丹草、湖南稷子、燕麦、披碱草、紫花苜蓿、碱茅、田菁。灰绿碱蓬为藜科一年生耐盐碱多肉盐生C3草本植物,是盐碱湿地的优势物种,也是土壤盐碱化的指示植物;高丹草是禾本科高粱和苏丹草的种间杂交品种,是一种优质高产青饲牧草,具有抗逆性和适应性强、产量高等特性;湖南稷子是一年生禾本科稗属牧草,属于C4、喜温中生植物,湖南稷子具有适应性广耐逆性强、产草和产籽量高等优良特性,是一种粮饲兼用型作物;燕麦是禾本科草本植物,一年生优良牧草麦的生存能力较强,有耐寒、抗旱等特性,并且对土壤的适应性较强;披碱草属禾本科牧草,根系发达,具有抗旱、抗寒、抗风沙特性;紫花苜蓿为多年生豆科牧草,适应性强,适口性好,蛋白质含量高,可在基础肥力较差土壤种植;碱茅是禾本科多年生草本植物,是中高度盐渍化草场改良中的先锋植物;田菁是一种豆科绿肥植物,具有较好的耐盐性。本研究探讨不同饲草种植利用对盐渍化土壤微生物多样性的影响,旨在为荒漠区弃耕盐碱地土地利用方式的优化及盐碱区域土壤生态功能恢复提供理论基础和科学依据。

6.1 样地概况与研究方法

试验地位于内蒙古自治区锡林浩特市苏尼特右旗中国农业科学院草原研究所荒漠草原试验基地内弃耕盐碱地（42°46′N，112°40′E），海拔1 079 m，地处内蒙古高原中部，该区域天然植被代表温带草原区荒漠草原生态系统。植被类型为小针茅荒漠草原，土壤类型为典型棕钙土。选地和整地，土壤表层pH＞9，翻耕耙平，翻耕深度30 cm左右；播种时间6月初，开沟撒播，开沟深度5 cm左右，行距25 cm，播种量每亩10 kg左右，撒播深度3 cm左右；灌溉利用微喷定期浇灌，幼苗期每天喷灌20 min左右；一个月后进行一次性施肥，该项目示范小区施肥量均为每亩20 kg尿素，两个月收割。试验采用随机区组设计，设9组，对照区（CK）、湖南稷子（EF）、碱茅、紫花苜蓿（MS）、高丹草（SSU）、披碱草（ED）、灰绿碱蓬（SG）、田菁（SC）、燕麦（AS），每个处理5个重复，共40个小区（图6.1、图6.2）。在牧草生长的收获期（8月31日）分别在0～20 cm进行土壤样品的采集。所有土壤样本置于冰盒内带回实验室，一部分土壤样品送公司检测，另一部土壤样本风干过筛（2 mm和0.15 mm），检测理化指标。

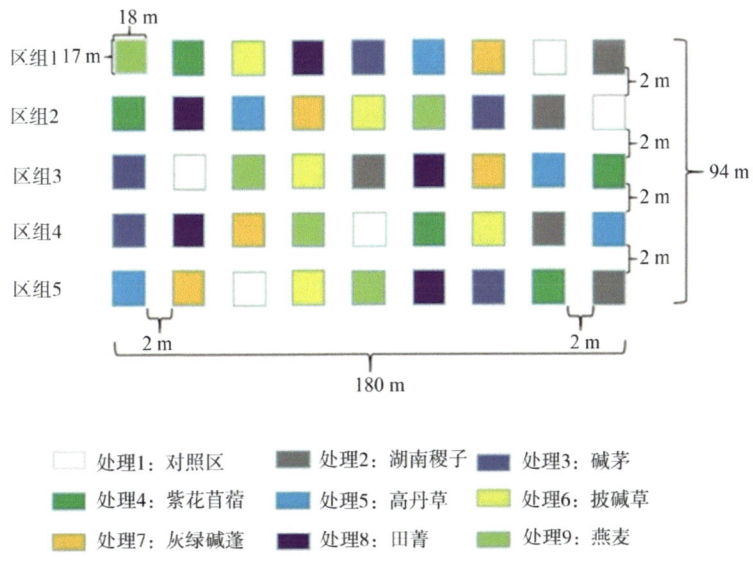

图6.1 试验设计

图 6.2 试验样地

结果表明，7种耐盐碱牧草，在荒漠草原弃耕盐碱地上适量施氮情况下，表现出良好的长势（图6.3），地上生物量灰绿碱蓬鲜重5 527 kg/亩、湖南稷子4 528 kg/亩、高丹草2 796 kg/亩、燕麦3 663 kg/亩、紫花苜蓿932 kg/亩、田菁1 132 kg/亩、披碱草199 kg/亩，其中，灰绿碱蓬、湖南稷子、高丹草、燕麦和紫花苜蓿产量较高（图6.4）。

对照区（CK）　　湖南稷子（EF）

紫花苜蓿（MS）　　高丹草（SSU）

图 6.3 耐盐碱牧草长势（8 月拍摄）

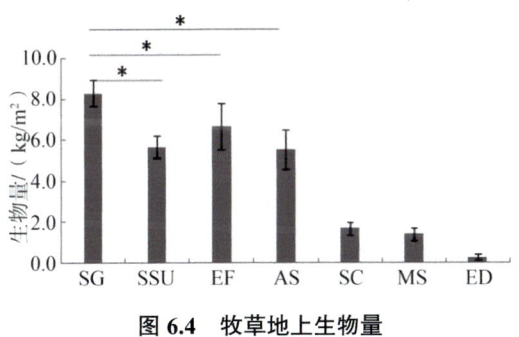

图 6.4 牧草地上生物量

6.2 耐盐牧草品种间根际土壤细菌多样性

7 种耐盐牧草及对照区根际土壤中前 10 优势细菌菌属为 *Rubrobacter*、*norank_o_Vicinamibacterales*、*RB41*、*Bacillus*、*norank_f_Vicinamibacteraceae*、*Sphingomonas*、*norank_f_Gemmatimonadaceae*、*Streptomyces*、*norank_f_JG30-KF-CM45*、*norank_f_A4b*。前 10 优势菌属对照区（CK）、灰绿碱蓬（SG）、湖南

稷子（EF）、紫花苜蓿（MS）、高丹草（SSU）、披碱草（ED）、燕麦（AS）、田菁（SC）占比分别为 33.7%、37.3%、33.8%、32.5%、35%、37.2%、32.8%、36.5%，其中，灰绿碱蓬（SG）和披碱草（ED）细菌菌群相对丰度较高（图 6.5）。土壤微生物多样性指数表示生物群落中的物种多寡。由图 6.6 所示各处理区土壤细菌 α 指数无显著差异，其中，田菁和湖南稷子根际土壤真菌丰富度指数最高（图 6.7）。各处理区中 *Adhaeribacter*、*Gemmatimonas*、*norank_f_LWQ8*、*norank_c_S0134_terrestr*、*Noviherbaspirillum*、*Flavitalea*、*Nibribacter*、*Pseudoxanthomonas*、*Edaphobaculum*、*norank_o_Frankiales* 属细菌菌群在属水平上有显著差异（$P < 0.05$）（图 6.8）。

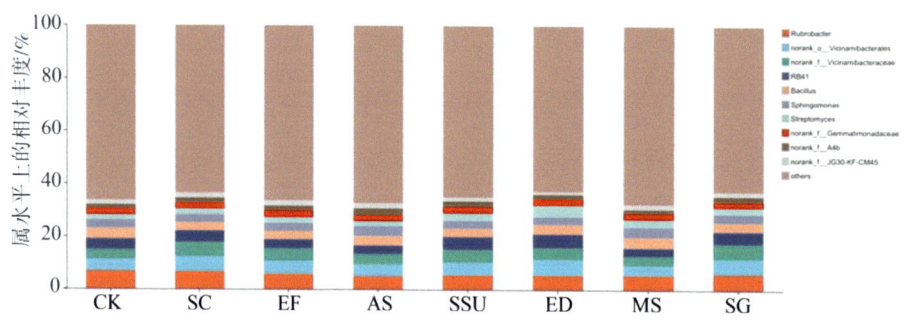

图 6.5 牧草根际土壤样品细菌菌群属水平丰度分布图（前 10）

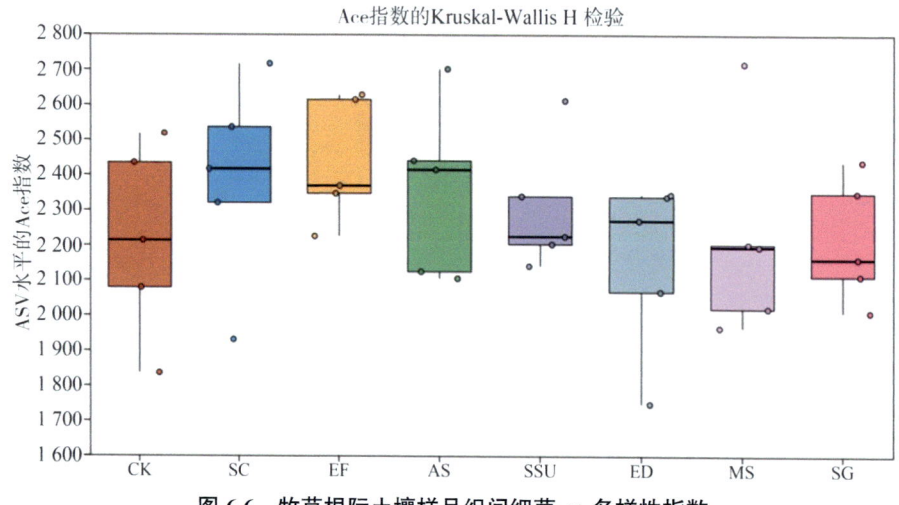

图 6.6 牧草根际土壤样品组间细菌 α 多样性指数

6 耐盐牧草品种间根际土壤微生物多样性

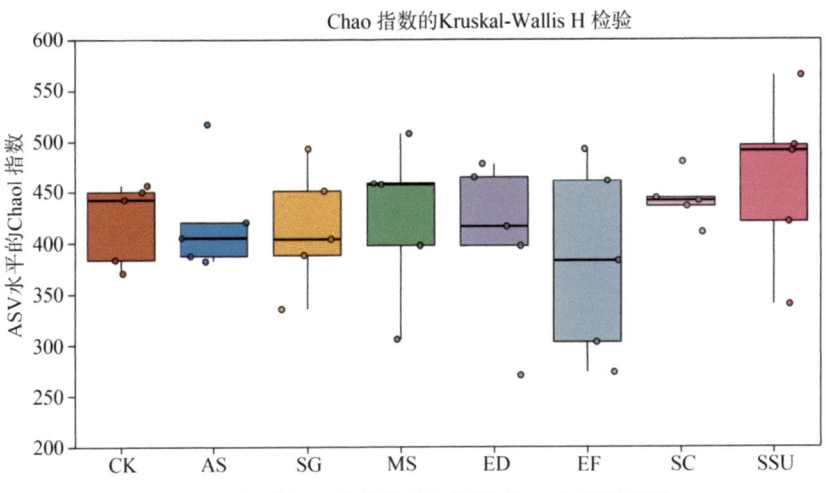

图 6.7 牧草根际土壤样品组间真菌 α 多样性指数

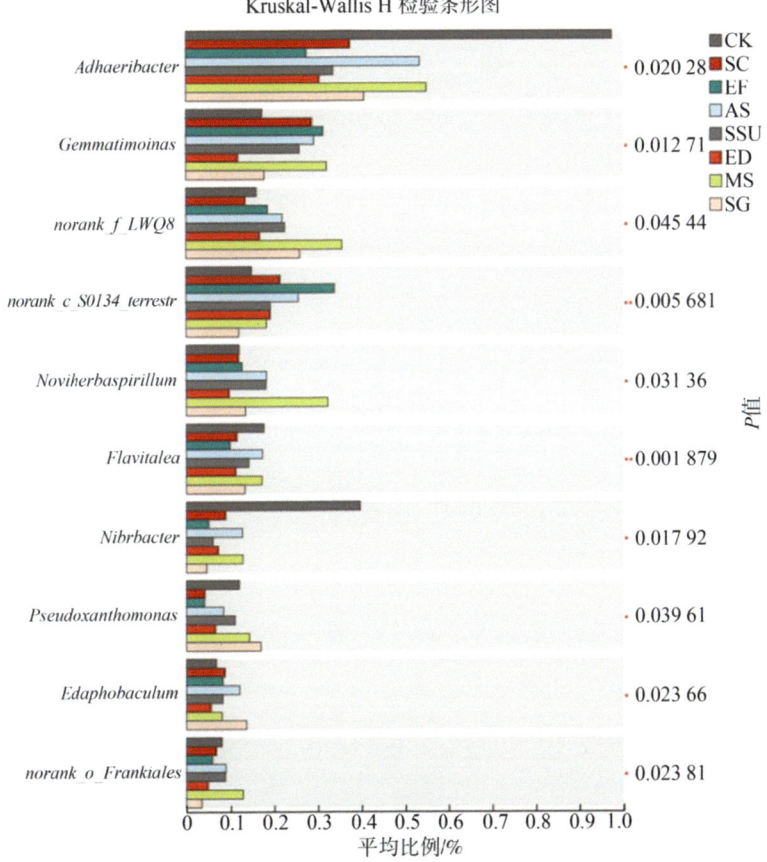

图 6.8 牧草组间根际土壤细菌相对丰度比较（属）

基于 Bray-Curtis 建立 8 个处理区土壤样品间的非相似矩阵，利用非度量多维尺度分析（NMDS）不同耐盐牧草品种间土壤样品细菌菌群结构组成的影响有差异性。Stress 值均小于 0.2，说明 NMDS 分析可以准确反映样品间的细菌差异程度（图 6.9）。

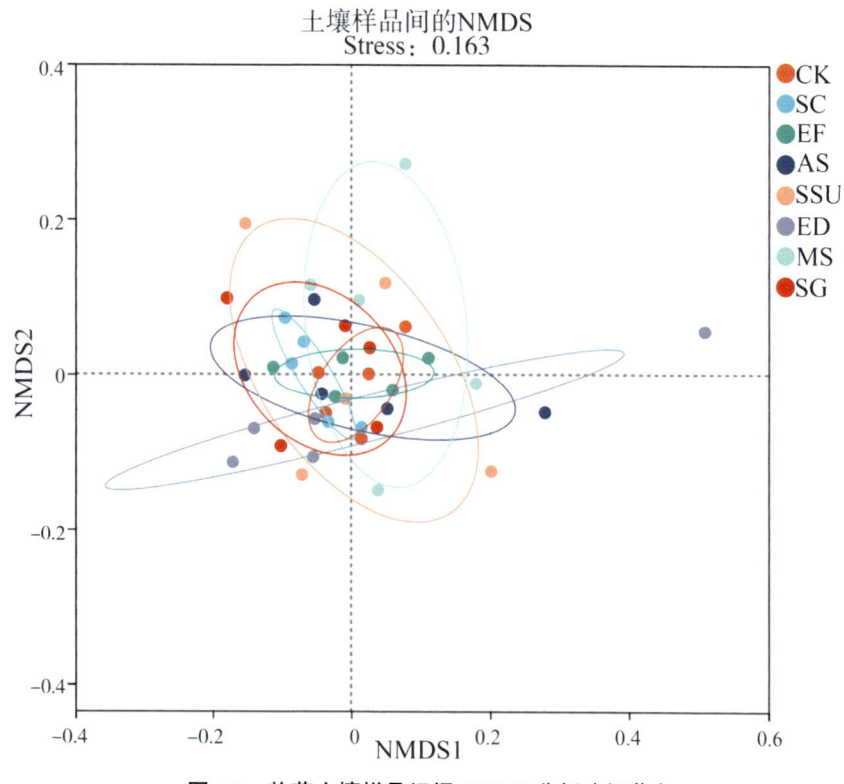

图 6.9　牧草土壤样品组间 NMDS 分析（细菌）

6.3　耐盐牧草品种间根际土壤真菌多样性

7 种耐盐牧草及对照区根际土壤中前 10 优势真菌菌属为 *Pithoascus*、*Fusarium*、*Penicillium*、*Metarhizium*、*Kernia*、*unclassified_f__Didymellaceae*、*unclassified_k__Fungi*、*Alternaria*、*Fungi_gen_Incertae_sedis*、*Neocosmospora*。前 10 优势真菌菌属对照区（CK）、灰绿碱蓬（SG）、湖南稷子（EF）、紫花苜蓿（MS）、高丹草（SSU）、披碱草（ED）、燕麦（AS）、田菁（SC）占比分别为 61.1%、54.7%、66.3%、58.0%、58.0%、55.8%、59.8%、50.2%，其中，湖南稷子（EF）真菌菌群相对丰度较高（图 6.10）。

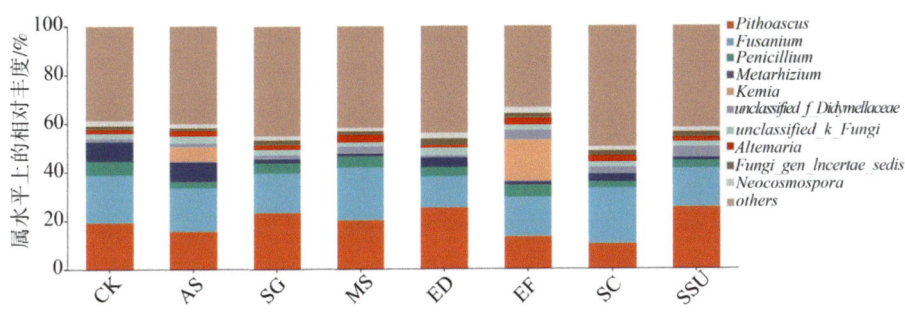

图 6.10　牧草根际土壤样品真菌菌群属水平丰度分布图（前 10）

利用组间差异检验方法，根据得到的群落丰度数据，对多组样本微生物群落之间的物种进行假设检验，评估物种丰度差异的显著性水平。各处理区中 *Plectosphaerella*、*Papiliotrema*、*Leptosphaeria*、*Furcasterigmium*、*Pyxidiophora*、*Volutella*、*Eucasphaeria*、*Niesslia*、*Tricellula*、*Lectera* 属真菌菌群在属水平上有显著差异（$P < 0.05$）。其中对照区处理 *Plectosphaerella* 属丰度差异显著高于其余处理，在田菁（SC）处理区 *Lectera* 丰度差异显著高于其余处理的关键物种（图 6.11）。土壤微生物多样性 Chao1 指数表示生物群落中的物种多寡。如图 6.11 所示各处理区土壤真菌 Chao1 指数无显著差异，其中，真菌 Chao1 指数高丹草（SSU）根际土壤真菌丰富度指数最高。基于 Bray-Curtis 建立 8 个处理区土壤样品间的非相似矩阵，利用非度量多维尺度分析（NMDS）不同耐盐牧草品种间土壤样品真菌菌群结构组成的影响有差异性。Stress 值均小于 0.2，说明 NMDS 分析可以准确反映样品间的细菌差异程度（图 6.12）。

6.4　结论

（1）耐盐牧草根际土壤中主要优势细菌菌属为 *Rubrobacter*、*norank_o_Vicinamibacterales*、*RB41*、*norank_f_Vicinamibacteraceae*，紫花苜蓿根际土壤中 *Bacillus* 和 *Sphingomonas* 菌属丰度也较高。各处理区中 *Adhaeribacter*、*Gemmatimonas*、*norank_f_LWQ8*、*norank_c_S0134_terrestr*、*Noviherbaspirillum*、*Flavitalea*、*Nibribacter*、*Pseudoxanthomonas*、*Edaphobaculum*、*norank_o_*

Frankiales 属细菌菌群在属水平上有显著差异。

（2）耐盐牧草根际土壤中优势真菌菌属为 *Pithoascus* 及 *Fusarium*。各处理区中 *Plectosphaerella*、*Papiliotrema*、*Leptosphaeria*、*Furcasterigmium*、*Pyxidiophora*、*Volutella*、*Eucasphaeria*、*Niesslia*、*Tricellula*、*Lectera* 属真菌菌群在属水平上有显著差异（$P < 0.05$）。其中对照区处理 *Plectosphaerella* 属丰度差异显著高于其余处理，在田菁处理区 *Lectera* 丰度差异显著高于其余处理的关键物种。

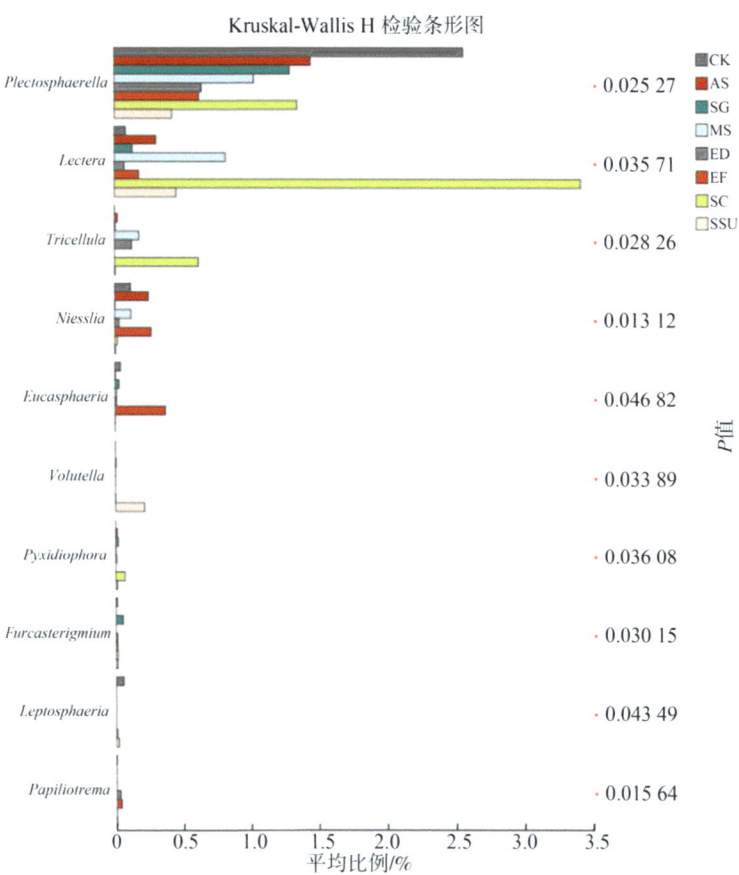

图 6.11 牧草组间根际土壤真菌相对丰度比较（属）

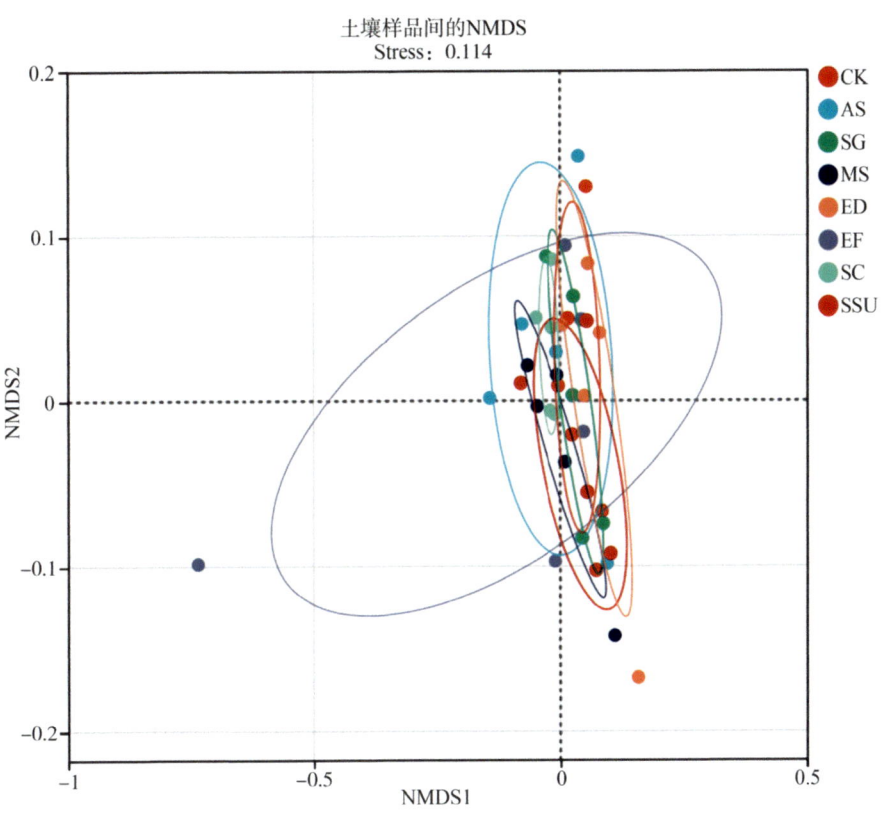

图 6.12 牧草土壤样品组间 NMDS 分析（真菌）

参考文献

敖远，杨成德，郭庄园，等，2023. 枯草芽孢杆菌262XY2'菌肥对番茄幼苗生长及生理特性的影响[J]. 中国农学通报，39（3）：42-48.

白晓云，刘智宇，2024. 酸土改良剂对石河子玉米种植区土壤理化性状及玉米生长的影响[J]. 农业工程技术，44（1）：26-27.

白雪，李小英，李俊龙，等，2020. 生物炭与菌肥配施对元宝枫育苗基质性质及幼苗生长的影响[J]. 江苏农业科学，48（9）：148-154.

卞莹莹，张志敏，付镇，等，2021. 荒漠草原区不同植被恢复模式土壤微生物菌落分布特征及其与土壤理化性质的相关性[J]. 草地学报，29（4）：655-663.

卜晓莉，薛建辉，2014. 生物炭对土壤生境及植物生长影响的研究进展[J]. 生态环境学报，23（3）：535-540.

柴晓彤，顾金凤，毛亮，等，2017. 微生物菌肥对盐渍化土壤中盐分离子及有机质含量的影响[J]. 上海交通大学学报（农业科学版），35（1）：78-84.

陈睿，崔泽远，李志，等，2024. AM真菌对连作土壤上作物生长影响的研究进展[J]. 中国农学通报，40（6）：1-8.

崔红标，胡开新，范玉超，等，2023. 案例教学在工科院校课程中的应用研究——以土壤污染与防治课程为例[J]. 南阳师范学院学报，22（1）：64-68.

农田建设司，2022-02-24. 第三次全国土壤普查工作方案［A/OL］. http：//www.ntjss.moa.gov.cn/zcfb/202202/t20220224_6389472.htm.

丁新景，敬如岩，黄雅丽，等，2017. 黄河三角洲刺槐根际与非根际细菌结构及多样性[J]. 土壤学报，54（5）：1293-1302.

董静，邢锦城，温祝桂，等，2021. 苏北滩涂盐碱地3种典型盐生植物根际土壤细菌多样性及群落结构分析[J]. 江苏农业科学，49（8）：212-218.

段会杰，2023. 菌藻协同对黄河三角洲滨海盐碱土壤改良效果及机理研究[D]. 济南：齐鲁工业大学.

段鹏，张永超，王金贵，等，2020. 青藏高原高寒湿地退化过程中土壤微生物群落功能多样性特征[J]. 草地学报，28（3）：759-767.

冯国艺，张谦，祁虹，等，2019. 滨海盐碱地水盐时空变化特征及对棉花光合生产的影响[J]. 土壤学报，56（4）：1012-1022.

参考文献

顾继雄，郭天斗，王红梅，等，2021. 宁夏东部荒漠草原向灌丛地转变过程土壤微生物响应 [J]. 草业学报，30（4）：46-57.

何园，胡文革，马得草，等，2017. 艾比湖湿地盐节木根际氨氧化微生物多样性和丰度及其与环境因子的相关系分析 [J]. 环境科学学报，37（5）：1967-1975.

侯向阳，2024. 欧亚温带草原东缘生态样带研究 [M]. 北京：科学出版社.

胡启鹏，郭志华，李春燕，等，2008. 植物表型可塑性对非生物环境因子响应研究进展 [J]. 林业科学，44（5）：135-142.

胡泽光，郭云汉，乌朝鲁门，等，2023. 植物对盐碱胁迫的适应机制及其耐盐碱能力提高途径 [J]. 现代农业，48（3）：92-95.

江敬安，陈丽，沈兵，等，2023. 中国肥料产业体系现状及发展趋势 [J]. 现代化工，43（6）：47-52.

解雪峰，濮励杰，沈洪运，等，2022. 滨海重度盐碱地改良土壤盐渍化动态特征及预测 [J]. 土壤学报，59（6）：1504-1516.

金萌，2020. 盐碱地土壤种植经济作物科学施肥优化研究 [J]. 农村实用技术（10）：87-88.

金章利，刘高鹏，周明涛，等，2019. 山地草地土壤微生物群落对土壤养分的指示作用 [J]. 西南农业学报，32（11）：2638-2645.

靳希桐，胡文革，贺帅兵，等，2019. 不同时期艾比湖湿地盐角草群落土壤固氮微生物的多样性分析 [J]. 微生物学报，59（8）：1600-1611.

景宇鹏，连海飞，李跃进，等，2020. 河套盐碱地不同利用方式土壤盐碱化特征差异分析 [J]. 水土保持学报，34（4）：354-363.

李凤霞，郭永忠，许兴，等，2011. 盐碱地土壤微生物生态特征研究进展 [J]. 安徽农业科学，39（23）：14065-14067.

李金业，陈庆锋，李青，等，2021. 黄河三角洲滨海湿地微生物多样性及其驱动因子 [J]. 生态学报，41（15）：6103-6114.

李梅梅，吴国华，赵振勇，等，2017. 新疆5种藜科盐生植物的饲用价值 [J]. 草业科学，34（2）：361-368.

李明源，王继莲，周茜，等，2021. 南疆四种盐生植物根际土壤真菌群落结构特征 [J]. 生态学报，41（21）：8484-8495.

李青梅，张玲玲，赵建宁，等，2020. 覆盖作物不同利用方式对猕猴桃园土壤微生物群落结构的影响 [J]. 农业资源与环境学报，37（3）：319-325.

李秋霞，郭加汛，周晓辉，等，2019. 江苏盐城大丰滨海滩涂典型湿地土壤细菌群落结构分析 [J]. 南京农业大学学报，42（6）：1108-1117.

李婷婷，张西美，2020. 全球变化背景下内蒙古草原土壤微生物多样性维持机制研究进展 [J]. 生物多样性，28（6）：749–758.

李雪萍，李建宏，刘永刚，等，2020. 甘南草原不同退化草地植被和土壤微生物特性 [J]. 草地学报，28（5）：1252–1259.

李岩，杨晓东，秦璐，等，2018. 两种盐生植物根际土壤细菌多样性和群落结构 [J]. 生态学报，38（9）：3118–3131.

李银芳，夏训诚，刘兆松，等，2007. 盐角草种子的油脂成分与营养评价 [J]. 干旱区研究，24（1）：32–34.

李影，李斌，柳东阳，等，2018. 生物炭配施菌肥对植烟土壤养分和可溶性有机碳氮光谱特征的影响 [J]. 华北农学报，33（6）：227–234.

李媛媛，彭梦文，党寒利，等，2021. 塔里木河下游胡杨根际土壤细菌群落多样性分析 [J]. 干旱区地理（3）：750–758.

梁恒心，邹茜，周志忠，等，2024. 微生物菌肥对甘蔗生长的影响及其施用方法的研究进展 [J]. 中国糖料，46（1）：79–86.

梁中贵，2018. 威海市耐盐碱植物资源及利用 [J]. 安徽农业科学，46（15）：60–62，123.

刘安晋，姜宇，商全玉，等，2022. 黑龙江省水稻盐碱地改良技术的研究进展 [J]. 黑龙江农业科学（8）：83–86.

刘鹏飞，2023. 耐盐碱功能菌株的促生效果及其对土壤细菌群落的影响 [D]. 银川：宁夏大学.

刘书润，2017. 草原思考 [M]. 呼伦贝尔：内蒙古文化出版社.

刘甜，蔡喜运，2023. 我国设施农业土壤生态存在的问题及其解决措施 [J]. 农业灾害研究，13（10）：302–304.

刘炜璇，李侬蒙，江红星，等，2024. 吉林莫莫格国家级自然保护区四种典型植物群落下土壤微生物组成的对比分析 [J]. 生态学杂志，43（10）：2988–2998.

刘亚军，王文静，王红刚，等，2021. 作物轮作对甘薯田土壤微生物群落的影响 [J]. 作物杂志（6）：122–128.

刘哲荣，刘果厚，高润宏，2019. 内蒙古珍稀濒危植物濒危现状及优先保护评估 [J]. 应用生态学报，30（6）：1974–1982.

娄腾雪，吕素莲，李银心，2020. 盐角草在 Cd、Pb、Li 污染盐土修复中的应用潜力 [J]. 生物工程学报，36（3）：481–492.

卢秀霞，冯冰，2021. 兰州新区盐碱地改良及园林绿化措施探究 [J]. 现代园艺，44（23）：188–189.

马大龙，刘梦洋，陈泓硕，等，2020. 积雪覆盖变化对大兴安岭多年冻土区土壤微生物群

落结构的影响 [J]. 生态学报, 40 (3): 789-799.

马国辉, 郑殿峰, 母德伟, 等, 2024. 耐盐碱水稻研究进展与展望 [J]. 杂交水稻, 39 (1): 1-10.

马凯, 饶良懿, 2023. 我国土壤盐碱化问题研究脉络和热点分析 [J]. 中国农业大学学报, 28 (11): 90-102.

莫帅豪, 郑粉莉, 冯志珍, 等, 2022. 典型黑土区侵蚀–沉积对土壤微生物数量空间分布的影响 [J]. 应用生态学报, 33 (3): 685-693.

那日苏, 春亮, 王海, 等, 2023. 蒙古高原盐角草地理隔离种群的主要性状差异及其环境影响因子分析 [J]. 草原与草业, 35 (2): 7-12.

潘庆民, 薛建国, 陶金, 等, 2018. 中国北方草原退化现状与恢复技术 [J]. 科学通报, 63 (17): 1642-1650.

逄梦璇, 刘红文, 韩旭, 等, 2024. 典型黑土带玉米农田土壤微生物群落地理分布及驱动因素 [J]. 土壤与作物, 13 (1): 1-12.

邱月, 2022. 枯草芽孢杆菌在现代农业中的应用 [J]. 园艺与种苗 (7): 81-85.

任恩良, 2023. 生物炭基肥对盐碱地改良与葵花生长影响 [D]. 呼和浩特: 内蒙古农业大学.

商丽荣, 万里强, 李向林, 2020. 有机肥对羊草草原土壤细菌群落多样性的影响 [J]. 中国农业科学, 53 (13): 2614-2624.

施梦馨, 王豪吉, 土馨雨, 等, 2022. 施用有机肥对碱性土壤理化特征与作物生长的影响 [J]. 云南师范大学学报 (自然科学版), 42 (1): 50-57, 63.

宋达成, 吴昊, 王理德, 等, 2021. 民勤退耕区次生草地土壤微生物及土壤酶活性变化特征 [J]. 中国草地学报, 43 (6): 85-93.

孙靓楠, 红雨, 王伶瑞, 等, 2023. 生物炭对高粱根际土壤线虫的影响 [J]. 内蒙古师范大学学报 (自然科学汉文版), 52 (6): 551-558, 567.

孙盛楠, 严学兵, 尹飞虎, 2024. 我国沿海滩涂盐碱地改良与综合利用现状与展望 [J]. 中国草地学报, 46 (2): 1-13.

孙业奇, 魏进华, 2023. 不同盐碱胁迫下小黑麦幼苗的生理生化响应 [J]. 乡村科技, 14 (5): 64-67.

孙一航, 赵一航, 孔令泽来, 等, 2022. 不同生长时期碱蓬对根际土壤细菌群落结构的影响 [J]. 中国草地学报, 44 (1): 78-86.

唐晓玲, 陈立文, 王颖, 等, 2018. 基于3S的吉林省西部草地动态变化分析 [J]. 气象灾害防御, 25 (3): 43-48.

田敬宇, 高雁, 高兴旺, 等, 2023. 哈密瓜种植对根际土壤细菌群落组成和多样性的影响[J].新疆农业科学,60(5):1253-1262.

王炳春,2024.现阶段我国开展盐碱地综合利用对策研究[J].中国农垦(1):52-54.

王波,2023.盐碱地治理与作物种植效果研究——以陕西省定边县白泥井镇向阳村土地开发项目为例[J].农业与技术,43(7):31-34.

王翠华,武菲,胡文革,等,2015.艾比湖湿地三种植物根际土壤氨氧化细菌群落的多样性[J].微生物学报,55(9):1190-1200.

王峰,黄俊华,杨文英,等,2017.艾丁湖盐角草种群动态生命表及其对温度变化的响应[J].草业科学,34(5):1064-1071.

王宏胜,唐朝生,巩学鹏,等,2018.生物炭修复重金属污染土研究进展[J].工程地质学报,26(4):1064-1077.

王宏伟,包红霞,李扬,等,2024.不同施用模式下脱硫石膏对苏打型盐碱地改良效果研究[J].内蒙古民族大学学报(自然科学版),39(1):44-48.

王静娅,王明亮,张凤华,2016.干旱区典型盐生植物群落下土壤微生物群落特征[J].生态学报,36(8):2363-2372.

王乐童,雒晓芳,赵鹏飞,等,2021.兰州兴隆山土壤微生物的分布及其相关特性分析[J].中国微生态学杂志,33(11):1283-1289.

王魏琦,李变变,张军,2019.干旱区不同类型盐碱地土壤细菌群落多样性[J].干旱区研究,36(5):1202-1211.

王文成,孙宇,郭艳超,等,2014.滨海泥质重盐碱地综合改良与植被构建关键技术研究[J].现代农业科技(4):207-208,216.

王晓春,杨炜迪,高婷,2023.盐碱地紫花苜蓿根际土壤细菌群落多样性分析[J].北方园艺(23):75-82.

王雅芝,齐鹏,王晓娇,等,2021.Meta分析中国保护性耕作对土壤微生物多样性的影响[J].草业科学,38(2):378-392.

王亚妮,胡宜刚,王增如,等,2021.开垦对阿拉尔绿洲盐渍化荒漠土壤微生物群落的影响[J].中国沙漠,41(6):126-137.

王钰祺,任玉蓉,廖安邦,等,2023.盐城滨海滩涂湿地典型植物群落土壤微生物组成与结构特征[J].生态学报,43(6):2336-2347.

卫雨西,陈丽娟,冯起,等,2024.干旱区盐碱土微生物特征及其影响因素研究进展[J].中国沙漠(3):1-13.

魏梦洁,黄俊华,2015.艾丁湖盐角草种子异型及萌发特性[J].草业科学,32(12):2064-2070.

武高林,杜国帧,2007.植物形态生长对策研究进展[J].世界科技研究与发展,29(4):

47-51.

武琳慧, 邵玉琴, 鲁樻银, 等, 2014. 乌梁素海湿地过渡带土壤微生物类群数量与分布特征 [J]. 农业环境科学学报, 33（4）：759-764.

向前胜, 张登山, 孙奎, 等, 2021. 高寒地区不同海拔梯度西北小檗生境土壤微生物群落结构及多样性分析 [J]. 西北植物学报, 41（6）：1036-1050.

许兴, 2013. 脱硫废弃物改良盐碱地原理及施用技术研究 [M]. 银川：宁夏阳光出版社.

薛德星, 李美, 孙作文, 等, 2023. 枯草芽孢杆菌 KC1723 的鉴定及生物学特征研究 [J]. 山东农业科学, 55（9）：154-158.

杨建强, 刁华杰, 胡姝娅, 等, 2021. 氮磷添加对盐渍化草地土壤微生物特征的影响 [J]. 环境科学, 42（12）：6058-6066.

姚东恒, 廖宇波, 孔祥斌, 等, 2022. 基于"三层"融合的松嫩平原盐碱地资源特征 [J]. 农业工程学报, 38（23）：247-257.

姚鑫宇, 高鸿永, 周俐青, 等, 2024. 基于 CiteSpace 的盐碱地种植研究进展分析 [J]. 绿色科技, 26（2）：34-42.

姚玉娇, 梁婷, 马源, 等, 2020. 土壤微生物群多样性对高寒草甸退化程度的响应 [J]. 草地学报, 28（6）：1489-1497.

张明泽, 刘方春, 杨庆山, 等, 2023. 不同暗管布设方式对滨海重度盐碱地脱盐效应研究 [J]. 山东林业科技, 53（6）：53-59.

张晓丽, 张宏媛, 卢闯, 等, 2019. 河套灌区不同秋浇年限对土壤细菌群落的影响 [J]. 中国农业科学, 52（19）：3380-3392.

张玥, 金建玲, 王晓凤, 等, 2015. 黄河三角洲盐生植被演替与土壤细菌群落结构的关系 [J]. 土壤通报, 46（6）：1435-1440.

赵慧明, 2004. 盐生植物盐角草的主要特点及开发利用 [J]. 科技通报, 20（2）：167-171.

赵可夫, 范海, 江行玉, 等, 2002. 盐生植物在盐渍土改良中的作用 [J]. 应用与环境生物学报, 8（1）：31-35.

赵盈涵, 李田, 邵鹏帅, 等, 2022. 黄河三角洲不同类型盐生植物土壤真菌群落结构特征 [J]. 西北植物学报, 42（5）：854-864.

郑德有, 左东云, 王巧莲, 等, 2024. 氟节胺与杀菌剂复配防治棉花枯萎病的增效药剂筛选 [J]. 中国农业科技导报, 26（1）：119-124.

郑荥枫, 李雪 万晓华, 等, 2021. 次生林不同演替时间土壤微生物群落结构的变化 [J]. 亚热带资源与环境学报, 16（1）：23-28.

周桔, 雷霆, 2007. 土壤微生物多样性影响因素及研究方法的现状与展望 [J]. 生物多样性, 15（3）：306-311.

朱粟锋, 刘煜杰, 张强, 等, 2022. 生态恢复模式对若尔盖高寒沙化草地土壤微生物群落功能多样性的影响 [J]. 环境工程技术学报, 12（1）: 199-206.

庄泽龙, 慕平, 彭云玲, 等, 2021. 土壤微生物生物量和群落结构对长期秸秆还田的响应分析 [J]. 分子植物育种, 19（7）: 2427-2436.

邹桂霞, 龙星宇, 2020. 传统耕作和保护性耕作对土壤元素流失的影响 [J]. 水土保持应用技术（5）: 10-11.

BO Y C, NA Y G, 2018. Changes in the physicochemical characteristics of low-salt Doenjang by addition of halophytes[J]. Korean Journal of Food Preservation, 25（7）: 819-829.

BRAVO A, LIKITVIVATANAVONG S, GILL S S, et al., 2011. Bacillus thuringiensis: a story of a successful bioinsecticide[J]. Insect Biochemistry and Molecular Biology, 41（7）: 423-431.

BUSS W, GRAHAM M C, SHEPHERD J G, et al., 2016. Suitability of marginal biomass-derived biochars for soil amendment[J]. Science of the Total Environment, 547: 314-322.

CHABRERIE O, LAVAL K, PUGET R, et al., 2023. Relationship between plant and soil microbial communities along a successional gradient in a chalk grassland in north-western France[J]. Applied Soil Ecology（24）: 43-56.

CHENG Y, WANG J, MARY B, et al., 2013. Soil pH has contrasting effects on gross and net nitrogen mineralizations in adjacent forest and grassland soils in central Alberta, Canada[J]. Soil Biology and Biochemistry, 57: 848-857.

CUI J, TIDA G, MING N, et al., 2022. Contrasting effects of maize litter and litter-derived biochar on the temperature sensitivity of paddy soil organic matter decomposition[J]. Frontiers in Microbiology（20）: 1-13.

DALBY D H, 1962. Seed dispersal in Salicornia pusilla[J]. Nature, 199: 197-198.

DALI M H A, ABIDNEJAD R, SALIM M H, et al., 2024. Benchmarking the humidity-dependent mechanical response of（Nano）fibrillated cellulose and dissolved polysaccharides as sustainable sand amendments[J]. Biomacromolecules, 25（4）: 2367-2377.

DEY D, KUNDU M C, SEN D, et al., 2024. Conjoint application of lime, organics, inorganic fertilizers, and bio-fertilizers increases groundnut productivity, available phosphorus and microbial biomass phosphorus in acidic soil of Tripura, India[J]. International Journal of Plant & Soil Science, 36（4）: 110-117.

DONG L, HUA Y, GAO Z, et al., 2024. The multiple promoting effects of suaeda glauca root exudates on the growth of Alfalfa under NaCl stress[J]. Plants, 13（6）: 752.

FENG X, LIU Z, JIA X, et al., 2020. Distribution of bacterial communities in petroleum-contaminated soils from the Dagang oilfield, China[J]. Transactions of Tianjin University,

26：22-32.

HAN W, HAMAMURA K, FUJIYAMA H, et al., 2006. Effects of various salt concentrations on the inorganic elements of a halophyte, Salicornia bigelovii Torr [J]. Journal of Arid Land Studies, 16（1）：19-24.

HAN W, HAMAMURA K, LIU S, 2004. Features and a list of major plant species grown on the salt affected areas of Middle to Western parts of Inner Mongolia[J]. Journal of Arid Land Studies, 14（3）：147-155.

HANNULA S E, MA H, PÉREZ - JARAMILLO J E, et al., 2020. Structure and ecological function of the soil microbiome affecting plant–soil feedbacks in the presence of a soil - borne pathogen[J]. Environmental Microbiology, 22（2）：660-676.

HATI K M, MANDAL K G, MISRA A K, et al., 2006. Effect of inorganic fertilizer and farmyard manure on soil physical properties, root distribution, and water-use efficiency of soybean in Vertisols of central India[J]. Bioresource Technology（97）：2182-2188.

HELENA S, GUSTAVO C, HELENA F, 2007. Salicornia ramosissima population dynamics and tolerance of salinity [J]. Ecological Res earch（22）：125-134.

HYEONG S L, 2016. Acute oral toxicity of *Salicornia herbacea* L. Extract in Mice[J]. Biomedical Science Letters, 22：46-52.

KALWASIŃSKA A, FELFÖLDI T, SZABÓ A, et al., 2017. Microbial communities associated with the anthropogenic, highly alkaline environment of a saline soda lime, Poland[J]. Antonie van Leeuwenhoek, 110：945-962.

KARHU K, ALAEI S, LI J, et al., 2022. Microbial carbon use efficiency and priming of soil organic matter mineralization by glucose additions in boreal forest soils with different C：N ratios[J]. Soil Biology and Biochemistry, 167：108615.

LEE W J, SHIN Y W, KIM D U, et al., 2020. Effect of desalted *Salicornia europaea* L. ethanol extract（PM-EE）on the subjects complaining memory dysfunction without dementia：12 week, randomized, double-blind, placebo-controlled clinical trial[J]. Scientific Reports, 10：19914.

LI A, WANG Y, WANG Y, et al., 2021. Microbiome analysis reveals soil microbial community alteration with the effect of animal excretion contamination and altitude in Tibetan Plateau of China[J]. International Soil and Water Conservation Research, 9（4）：639-648.

LI F, GUO Y, WANG Z, et al., 2022. Influence different phytoremediation on soil microbial diversity and community composition in saline-alkaline land[J]. International Journal of

Phytoremediation, 24 (5): 507–517.

LI N, SHAO T, ZHOU Y, et al., 2021. Effects of planting *Melia azedarach* L. on soil properties and microbial community in saline - alkali soil[J]. Land Degradation & Development, 32 (10): 2951–2961.

LI S, SHANG X J, LUO Q X, et al., 2023. Effects of the dual inoculation of dark septate endophytes and Trichoderma koningiopsis on blueberry growth and rhizosphere soil microorganisms[J]. FEMS Microbiology Ecology, 99 (2): 8.

LI Y, LI B, JIANG G, et al., 2019. Response of tobacco planting rhizosphere soil biological activities to biochar combined with compound–organic–bacteria–fertilizer[J]. Chinese Agricultural Science Bulletin, 35 (36): 54–60.

LIU Z, WANG C, YANG X, et al., 2023. The relationship and influencing factors between endangered plant tetraena mongolica and soil microorganisms in West Ordos Desert Ecosystem, Northern China[J]. Plants, 12 (5): 1048.

LV H, YANG J, SU S, et al., 2023. Distribution of genes and microbial taxa related to soil phosphorus cycling across soil depths in subtropical forests[J]. Forests, 14 (8): 1665.

MOR T, LU X, AOYAGI R, et al., 2018.Reconsidering the phosphorus limitation of soil microbial activity in tropical forests[J]. Functional Ecology, 32 (5): 1145–1154.

NARGES R, MOHAMMADALI E, et al., 2018. Assessment of the oil content of the seed produced by *Salicornia* L., along with its ability to produce forage in saline soils [J].Genetic Resources and Crop Evolution, 65 (7): 1879–1891.

QU Y, TANG J, LIU B, et al., 2022. Rhizosphere enzyme activities and microorganisms drive the transformation of organic and inorganic carbon in saline–alkali soil region[J]. Scientific Reports, 12 (1): 1314.

RAN HAI, 2020. Conservation and reintroduction of rare and endangered plants in China[M]. Springer–Verlag Publisher.

REN H, QIN X, HUANG B, et al., 2020. Responses of soil enzyme activities and plant growth in a eucalyptus seedling plantation amended with bacterial fertilizers[J]. Archives of Microbiology, 202: 1381–1396.

REN Y, CHEN X, QU G, et al., 2022. Study on waste acid modified industrial solid waste aluminum ash to prepare environmental functional materials to remove fluoride ions in wastewater[J]. Frontiers in Environmental Science, 10: 921841.

SHIMIZU K, ISHIKAWA N, MURANAKA S, et al., 2001. Digestion trials of mixed diet with salt wort (*Salicornia herbacea*) in goats[J]. Journal of Tropical Agriculture (45): 45–48.

SHIMIZU K, CAO W, ISHIKAWA N, 2006. Comparison of ecophysiological characteristics between two types of Salicornia plants in Japan examined under salt treatment [J]. Journal of Arid Land Studies, 16 (1): 25-30.

SIWACH A, KAUSHAL S, BAISHYA R, 2021. Effect of Mosses on physical and chemical properties of soil in temperate forests of Garhwal Himalayas[J]. Journal of Tropical Ecology, 37 (3): 126-135.

TALWAR C, NAGAR S, KUMAR R, et al., 2020. Defining the environmental adaptations of genus Devosia: insights into its expansive short peptide transport system and positively selected genes[J]. Scientific Reports, 10 (1): 1151.

W Y N, GUO Q M, YAN Y S, et al., 2018. Effects of soil fumigants and bio-bacterial manure on soil microbial biomass and tomato yield in solar greenhouse[J]. Vegetables, 189: 18-24.

WANG Z, LI Q, LI X, et al., 2003. Sustainable agriculture development in saline-alkali soil area of Songnen Plain, Northeast China[J]. Chinese Geographical Science, 13: 171-174.

WU F, WANG Y, SUN H, et al., 2023. Reforestation regulated soil bacterial community structure along vertical profiles in the Loess Plateau[J]. Frontiers in Microbiology, 14: 1324052.

YANG C, WANG X Z, MIAO F H, et al., 2020. Assessing the effect of soil salinization on soil microbial respiration and diversities under incubation conditions[J]. Applied Soil Ecology (155): 103671.

ZHANG K, CHANG L, LI G, et al., 2023. Advances and future research in ecological stoichiometry under saline-alkali stress[J]. Environmental Science and Pollution Research, 30 (3): 5475-5486.